工业机器人技术虚拟仿真实践教学体系构建

郝建豹　林子其　著

U0396395

华南理工大学出版社
SOUTH CHINA UNIVERSITY OF TECHNOLOGY PRESS

·广州·

图书在版编目（CIP）数据

工业机器人技术虚拟仿真实践教学体系构建/郝建豹，林子其著. —广州：华南理工大学出版社，2021.12

ISBN 978 - 7 - 5623 - 6859 - 5

Ⅰ．①工…　Ⅱ．①郝…②林…　Ⅲ．①工业机器人 - 计算机仿真 - 高等职业教育 - 教学参考资料　Ⅳ．①TP242.2

中国版本图书馆 CIP 数据核字（2021）第 206456 号

Gongye Jiqiren Jishu Xuni Fangzhen Shijian Jiaoxue Tixi Goujian

工业机器人技术虚拟仿真实践教学体系构建

郝建豹　林子其　著

出 版 人：卢家明

出版发行：华南理工大学出版社
　　　　　（广州五山华南理工大学 17 号楼，邮编 510640）
　　　　　http://hg.cb.scut.edu.cn　E-mail: scutc13@scut.edu.cn
　　　　　营销部电话：020 - 87113487　87111048（传真）

责任编辑：黄冰莹

责任校对：刘惠林

印 刷 者：广东虎彩云印刷有限公司

开　　本：787mm×1092mm　1/16　印张：10.75　字数：275 千

版　　次：2021 年 12 月第 1 版　2021 年 12 月第 1 次印刷

定　　价：43.00 元

前　言

笔者曾在工业机器人领域工作多年，为培养高职高专层次应用型技术人才的需要，结合行业需求和高职学生的实践教学体系，撰写了《工业机器人技术虚拟仿真实践教学体系构建》。

为了便于仿真教学，本书融入强大的工业机器人离线编程仿真平台（ABB 公司的 RobotStudio），采用 RobotStudio 虚拟仿真技术，使学生能够在实际操作之前，对工业机器人的操作、编程、轨迹规划等建立直观印象，明确操作规程、操作方法等。另外，在工业机器人实训资源不足的情况下，也可以利用仿真教学训练学生掌握工业机器人的多方面应用。

本书包括工业机器人实践教学体系构建、工业机器人虚拟仿真编程技术、工业机器人典型应用虚拟仿真、工业机器人综合应用虚拟仿真、工业机器人创新应用虚拟仿真共五章内容。项目功能由简单到复杂，通过详细的图解实例对工业机器人仿真进行详细介绍，符合高职学生的认知规律。另外，基于仿真项目构建了"理、虚、实、创"四位一体（"课程平台 + 3D 虚拟仿真 + 实训设备 + 科技创新"四项混合式）的教学模式。

除了积极参加教学改革和教学研究之外，还根据高技能人才培养要求，与企业一起进行实践研究，改变教学理念、教学内容；改革教学方法和教学手段。本书在编写过程中，充分考虑高职学生的特点，内容力求深入浅出，在保证理论体系完整的前提下，注重学生实操能力的培养，帮助学生树立工程意识。

本书第一、二、三章，第四章第一、二节由郝建豹撰写，第四章第三节及第五章由林子其撰写；另外，彭桂峰、林令晖、黄世光、陈宇俊等人在绘图、程序调试等方面做了大量的工作，在此表示感谢。

本书在撰写过程中，得到了华南理工大学出版社的大力支持，在此由衷地表示感谢。期待专家与读者对书中不足之处提出宝贵的意见，以便进一步修订完善。

作　者

2021 年 8 月

目 录

第1章　工业机器人实践教学体系构建 ································· 1

1.1　工业机器人技术专业职业岗位分析 ························· 1

1.2　专业能力培养存在的问题 ····························· 3

1.3　实践体系构建理论基础 ······························ 4

1.3.1　德国"双元制"教学模式 ·················· 4

1.3.2　泛在学习理论 ························· 4

1.4　实践教学体系构建 ································ 4

1.4.1　打造开放的工业机器人技术公共实训中心 ··········· 5

1.4.2　建设工业机器人技术进阶式能力培养虚拟仿真实训中心 ····· 7

1.4.3　配合虚实双中心，构建"在线开放课程"平台 ········· 10

1.4.4　推行"全程化项目导师制"教学方式 ············· 10

1.5　"四位一体"的教学模式构建 ···················· 10

1.6　虚实结合教学案例剖析 ······················ 11

第2章　工业机器人虚拟仿真编程技术 ························· 15

2.1　职业技能等级任务 ····························· 15

2.2　基本运动指令 ······························ 15

2.3　示教编程技术 ······························ 17

2.4　离线编程技术 ······························ 27

2.5　工件坐标应用仿真 ··························· 53

2.6　偏移运动指令仿真 ··························· 54

第3章　工业机器人典型应用虚拟仿真 ························· 56

3.1　职业技能等级任务 ····························· 56

3.2　搬运虚拟仿真工作站 ························· 57

3.2.1　机器人的搬运 ························ 57

3.2.2　机器人搬运的示教点 ··················· 58

3.2.3　机器人搬运的程序 ···················· 58

3.3　码垛应用 ······························ 61

3.3.1　机器人的码垛 ························ 61

3.3.2　机器人码垛目标点的示教 ················· 62

3.3.3　机器人码垛的程序 ···················· 63

3.4　机床上下料虚拟仿真系统 ······················ 69

3.4.1　机器人上下料目标点的示教 ················ 69

3.4.2　机器人上下料 I/O 信号 ·················· 70

3.4.3　机器人机床上下料程序 ·················· 71

  3.4.4 机器人仓储站的示教 ································· 76

  3.4.5 配置仓储站信号 ····································· 77

  3.4.6 机器人仓储站程序 ································· 78

 3.5 多机床多机器人制造虚拟仿真系统 ····················· 82

  3.5.1 生产工艺流程 ······································· 83

  3.5.2 生产线参考程序 ····································· 84

第4章 工业机器人综合应用虚拟仿真 ························· 92

 4.1 职业技能等级任务 ····································· 92

 4.2 多机器人不锈钢盆生产虚拟仿真系统 ··················· 92

  4.2.1 机器人末端执行器的设计 ··························· 93

  4.2.2 生产线各工作站构成 ······························· 94

  4.2.3 仿真系统工作流程 ································· 97

  4.2.4 生产线仿真系统运行 I/O 信号 ····················· 98

  4.2.5 系统编程 ··· 100

  4.2.6 生产线仿真分析 ··································· 107

 4.3 刹车盘自动生产线虚拟仿真系统 ······················· 107

  4.3.1 典型工作站 ··· 108

  4.3.2 系统工作流程 ······································· 112

  4.3.3 生产线程序 ··· 114

  4.3.4 生产线仿真分析 ··································· 124

第5章 工业机器人创新应用虚拟仿真 ························· 126

 5.1 职业技能等级任务 ····································· 126

 5.2 热水壶生产虚拟仿真系统 ······························· 126

  5.2.1 仿真系统总体概述 ································· 126

  5.2.2 仿真系统工作流程 ································· 127

  5.2.3 仿真工作站介绍 ··································· 128

  5.2.4 机器人末端吸具的设计 ····························· 133

  5.2.5 生产线仿真运行 I/O 信号 ························· 134

  5.2.6 机器人程序编制 ··································· 136

  5.2.7 生产线仿真分析 ··································· 148

 5.3 定制木窗生产虚拟仿真系统 ····························· 149

  5.3.1 仿真生产线搭建 ··································· 149

  5.3.2 系统工作流程 ······································· 150

  5.3.3 生产线典型工作站设计 ····························· 151

  5.3.4 机器人生产仿真运行 I/O 信号 ····················· 155

  5.3.5 系统编程与仿真 ··································· 157

  5.3.6 结论 ··· 166

第1章 工业机器人实践教学体系构建

1.1 工业机器人技术专业职业岗位分析

高职高专院校工业机器人技术专业是培养德技并修，能从事工业机器人操作与编程、机器人自动化生产线系统集成、运行维护、销售等岗位，具有创新精神的技术技能人才的专业。该专业的工作岗位可分为初始岗位（第一就业岗位，毕业 3 年后）、目标岗位（毕业 3～5 年后）、发展岗位（毕业 5 年后），工业机器人技术专业职业岗位成长路径如图 1－1 所示。各个岗位描述及对接的职业资格证书或职业技能等级证书如表 1－1 所示，其中目标岗位是工业机器人专业重点对接的岗位，其所需技能如基本操作与应用技能、运行管理与维护保养技能、操作与编程技能、工艺应用技能、离线编程与仿真技能、系统集成技能等各有侧重，学生可根据自己的兴趣及技能特长选择适合自己的岗位，具体能力要求如表 1－2 所示。

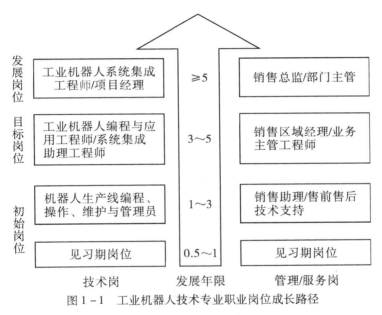

图 1－1 工业机器人技术专业职业岗位成长路径

表 1－1 工业机器人技术专业职业岗位群

类别	职业岗位名称	岗位描述	职业资格证书或职业技能等级证书
初始岗位	工业机器人设备操作	工业机器人设备操作	电工上岗证、工业机器人操作与运维（初级）
	机器人及生产线运行维护与管理	工业机器人设备的调试与维护	电工上岗证、工业机器人应用编程（初级、中级）、维修电工中级职业等级证
	销售	了解产品、收集和分析行业信息、接触客户、对接需求、技术谈判、商务谈判	工业机器人集成应用（初级）

类别	职业岗位名称	岗位描述	职业资格证书或职业技能等级证书
目标岗位	工业机器人现场操作及维护	电气系统安装、调试，工业机器人程序编制，工作站及作业系统的维护，工作站总控系统编程、调试（PLC、人机界面、总线通信等）	维修电工高级职业等级证、工业机器人操作与运维（中、高级）
	工业机器人工作站编程及调试	电气元器件安装、配接线、电气系统检测、控制系统调试、驱动系统调试、机电系统联调	维修电工高级职业等级证、工业机器人应用编程（中、高级）
	工业机器人工作站系统集成	工业机器人工作站方案辅助设计、工作站系统仿真辅助设计、工作站主控系统程序辅助设计、系统程序示教、工作站系统说明文件编制	工业机器人集成应用（初级、中级）、可编程控制系统设计师
发展岗位	工业机器人系统集成	工业机器人工作站方案设计、工作站系统仿真设计、工作站主控系统程序设计、系统程序示教、工作站系统说明文件编制	工业机器人集成应用（高级）、可编程控制系统设计师
	项目管理	工业机器人系统集成设计	工业机器人集成应用（高级）
	销售区域经理、主管、销售总监	完成公司年度营销目标以及其他任务，对营销理念进行定位，有独立的销售渠道，具有良好的市场拓展、销售队伍的建设与培养、分析市场状况的能力，正确做出市场销售预测报批	工业机器人集成应用（中级）

表1-2　目标岗位能力结构及要求

目标岗位	能力结构及要求
工业机器人现场操作及维护	（1）具备安全操作意识，能严格按照行业操作规程进行操作，遵守各项工艺规程 （2）能够进行机器人的基本操作，切换坐标，调整机器人的运行速度 （3）能够在工业机器人完成控制要求过程中，进行运行轨迹的设置 （4）操作过程中，使用工具、设备等要符合劳动安全和环境保护规定，能够对已完成的工作任务进行安全存档 （5）具备本专业新技术、新产品、新设备的消化、吸收、开发和应用能力 （6）能基本看懂机器人自动线相关英文操作手册 （7）能组装、安装、调试常用工业机器人辅具

目标岗位	能力要求
工业机器人工作站编程及调试	（1）能对 PLC 控制系统进行基本维护 （2）能拆装、维护工业机器人工作站电气系统 （3）能使用工业机器人仿真软件对工业机器人工作站系统进行仿真 （4）能熟练地对工业机器人进行现场编程 （5）会使用现场总线组网控制 （6）会使用工控机、触摸屏，能编写基本人机界面程序
工业机器人工作站系统集成	（1）能分析客户需求情况 （2）能根据客户需求情况选择工业机器人、外围控制系统，完成工作站设计或简单的生产线 （3）能设计机器人与主控的基本接口 （4）能针对客户需求编制基本设计方案

1.2　专业能力培养存在的问题

通过多年的教学与企业调研，笔者认为机器人专业核心课程教学及实践训练存在着许多问题，具体如下：

（1）机器人作为新兴产业，课程资源较少；学生参与程度低。

工业机器人作为新兴产业，目前还没有开放式共享性的工业机器人学习资源。加上高职学生普遍存在学习习惯不大好、学习积极性不高、课堂参与度少、学习目标不明确、缺乏自主学习的意识、学习能力不强等问题。

（2）课堂教学内容与实践脱离实际工程背景。

学校无法为人才培养提供企业的实际工作环境、真实案例等。教学内容与现代企业生产技术偏离，脱离实际工程背景，培养的人才与行业企业需求脱节和滞后。

（3）工业机器人台套数少、学生动手机会少、课堂实训教学效果欠佳。

工业机器人的编程与操作需要在实际工业机器人上进行，而工业机器人成本高、种类型号繁多、配套设备价格高昂，受经济因素影响，工业机器人和配套设备不可能太多。由于设备数量的限制，很难保证学生独立操作，使得工业机器人技术实训环节很难展开，无法充分调动学生的积极性和创造性。

（4）机器人及配套设备价格高、台套数少，实训效率低；机器人误操作多，实训安全隐患高。

工业机器人作为机电一体化技术的高端载体，操作时必须高度重视安全问题，保障学生人身安全的同时也要避免误操作对设备造成损害。学生在没有感性认识积累的情况下，直接操作工业机器人设备，容易发生工业机器人与外围设备碰撞以及其他误操作，引发设备损坏和安全事故，这不仅增加了设备的维修费用，还可能造成人身伤害，不利于实践教学的开展。

鉴于此，广东交通职业技术学院 2015 年 11 月依托广东省高等职业技术教育研究会课题"基于校企协同高职工业机器人技术与工程仿真应用课程建设的探索与实践"启动课程改革。专业课程引入虚拟仿真技术、工程项目，做到虚实结合，能够摆脱实训设备和场地的限制，使工业机器人技术专业课程教学迈上一个新的台阶。

1.3 实践体系构建理论基础

1.3.1 德国"双元制"教学模式

德国"双元制"教学模式是一种以提高实践能力为目的的职业教育培训模式，其主要优点在于4个"双元"，即学生具有学生身份和企业员工身份的"双元"，学习场所具有学校与企业（学徒培训中心）交替进行的"双元"，授课教师具有理论授课教师及技能培训教师的"双元"，学习教材具有理论教材与实训教材的"双元"。其精髓在于学生学习过程与企业生产过程紧密相连。德国"双元制"职业教育模式对工业机器人技术实训教学模式的启示主要有以下3个方面：

（1）高职学生自主学习能力缺乏，不仅需要任课教师理论指导，还需要企业工程师深度参与，进行全程化实践指导。

（2）工业机器人的学习不仅限于课内，更应参加协会、科技创新工作坊，参与教师纵横向科研项目，以提高项目实践能力。

（3）教学资源的开发不应局限于理论教材，结合企业工程项目的实训资源的开发也是必不可少的。

1.3.2 泛在学习理论

泛在学习是一种任何人可以在任何地方、任何时刻获取所需的任何信息的方式，是给学生提供一个可以在任何地方、随时使用手边可以取得的科技工具进行学习活动的3A（anywhere，anytime，any device）学习，是学习者依据自己的学习需求和学习目标，主动利用获取的学习资源进行学习的过程，是数字化学习和移动学习发展到一定阶段的产物。总之，泛在学习理论就是学习者不受时间、地点限制，可以随时、随地、随需地进行学习。泛在学习理论对工业机器人技术实训教学模式的启示主要有以下两个方面：

（1）开发数字化教材、课件、微课、视频等在线开放资源，提供学生理论学习所必需的资源。

（2）机器人实体设备具有应用局限性，可开发线上虚拟仿真实训工作站（线）等泛在学习环境，打破实体设备的限制。

1.4 实践教学体系构建

聚焦"互联网＋智能制造"，对接工业机器人产业发展，借力行业企业资源，满足制造业转型升级对工业机器人技术专业人才需求，借鉴德国"双元制"职业教育的4个"双元"精髓，结合泛在学习理论，以"筑平台、建资源、融创新、促能力"为实践教学体系改革理念，构建工业机器人技术专业的"平台引领、双景融合、四层进阶、三维对接"实践创新体系，即工业机器人公共实训中心及虚拟仿真实训中心高度对应的基础层技能模块、进阶层技能模块、综合层模块和发展与创新层技能模块，以达到实践教学与技术技能型岗位需求无缝融合、实践教学与创新型人才培养要求无缝融合、实践教学与"X"证书要求无缝融合的目的。具体如图 1 - 2 所示。

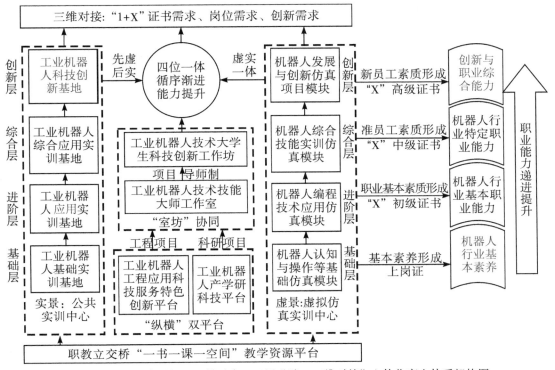

图 1 - 2　"平台引领、双景融合、四层进阶、三维对接"立体化育人体系架构图

1.4.1　打造开放的工业机器人技术公共实训中心

1）工业机器人技术公共实训中心简介

广东交通职业技术学院和广州因明智能科技有限公司联合 ABB、西门子等公司深度融合组建了工业机器人技术公共实训中心。以机电学院工业机器人工程应用科技服务特色创新平台为依托，以工业机器人技术虚拟仿真实训中心、工业机器人技术培训中心和工业机器人技术制造技术研发中心为推广方式，即"一个平台、三个中心"，集工业机器人应用等智能制造技术、人才培训、行业解决方案于一体，为珠三角地区行业企业提供从工业机器人、人才到周边设备的一体化解决方案，具体组织架构如图 1 - 3 所示。

2）工业机器人技术公共实训中心的功能定位

聚焦"互联网＋智能制造"，对接装备制造业发展，借力行业企业资源，服务《中国制造 2025》和《广东省智能制造发展规划（2015—2025）》战略，满足广东省制造业转型升级对工业机器人技术专业人才需求，借鉴德国"双元制"职业教育模式的精髓，围绕高职工业机器人技术实践技能训练需要，以基于"协同共享"的公共实训中心体制机制建设、"学工同景"的实践教学体系改革为主线，以"教学工厂模式"的教学与职业能力训练基地建设和教学资源建设为着力点，以"开放共享"的社会服务能力建设和"立地式项目研发"的双师实践教学团队建设为抓手，打造从基础学习与实训到专项技能训练，再

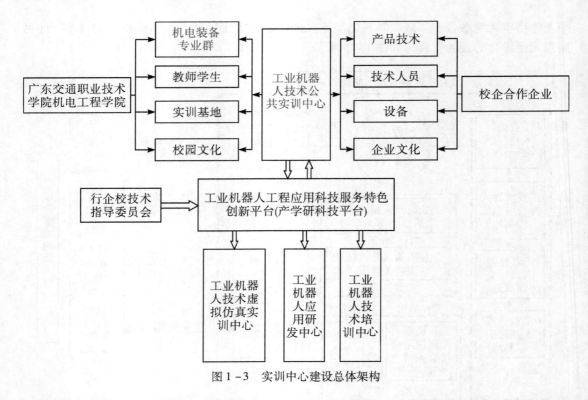

图 1-3 实训中心建设总体架构

到多机器人综合训练、创新实践的多层次平台，构建形成"学工同景，平台共享"的公共实训中心，使之成为一个高职机电装备专业群学生（机电一体化技术专业、工业机器人技术专业、电气自动化技术专业）、中高职教师、社会学习者（企业从业人员转型）的学习平台，形成集教学、技术服务、社会培训和产品研发于一体的多功能工业机器人技术公共实训中心。

总之，工业机器人技术公共实训中心将建成工业机器人技术教学与职业能力训练中心、工业机器人技能鉴定与培训中心、工业机器人工程应用服务与产学研科技平台，如图1-4所示。该中心将成为先进开放的、具有真实职业环境的共享型、示范性的公共实训中心，可以更好地服务于区域内中职、高职机电装备专业群类专业学生实训学习，服务于企业员工在岗职业能力提升、社会人员终身学习、机电一体化技术培训等，服务于专业服务行业开展技术研发与创新，为广东省特别是珠三角地区制造业转型升级和"互联网＋智能制造"行业企业提供人才支撑和保障。

3）公共实训中心的构建

目前，工业机器人公共实训中心打造的从工业机器人基础学习与实训到典型应用专项技能训练，再到多机器人综合训练、创新实践的多层次实训平台，形成了"学工同景、平台共享"的公共实训中心。工业机器人公共实训中心包含4大实训基地（图1-5）：

（1）工业机器人技术基础实训基地，包括工业机器人结构认知与操作实训室、零件测绘实训室、传感与检测技术实训室、控制技术基础实训室；

（2）工业机器人典型应用实训基地，包括工业机器人虚拟仿真技术实训室、码垛应用实训室、机床上下料实训室、焊接应用实训室；

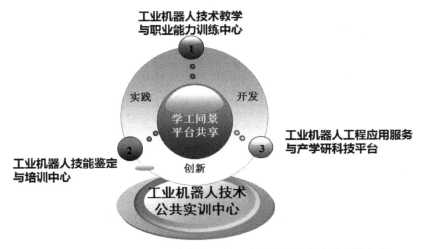

图 1-4　"学工同景、平台共享"的工业机器人技术公共实训中心

　　（3）综合应用实训基地，包括工业 4.0 智能制造实训中心、工业机器人应用技术中心、工业机器人工装系统设计实训室，其中工业 4.0 智能制造实训中心为 2019 年中央财政支持的产教融合项目，投入经费约 550 万元；

　　（4）工业机器人科技创新基地，包括工业机器人工程应用科技服务特色创新平台、大学生科技创新工作坊。

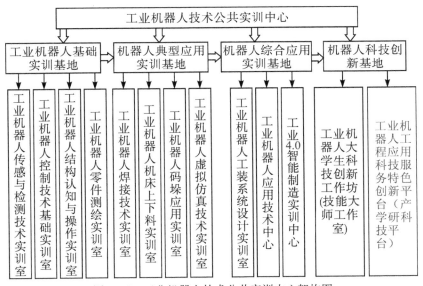

图 1-5　工业机器人技术公共实训中心架构图

1.4.2　建设工业机器人技术进阶式能力培养虚拟仿真实训中心

　　虚拟仿真实训工作站的开发流程一般包括机器人工作场景转换、三维建模、虚拟仿真场景构建、工作站或系统发布等步骤，以单机器人工作站为例来说明开发流程：①利用 SolidWorks 软件设计机器人外围设备的三维仿真模型，转换为可支持的格式，导入 RobotStudio 来完成建模布局工作；②打开软件模型库，导入 ABB 机器人；③调整 RobotStudio 的可视化系统，进行 Smart 组件设计、设置各参数，具体如图 1-6 所示。

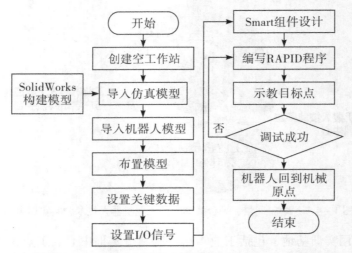

图 1-6　工业机器人技术虚拟仿真实训工作站开发流程

1）功能定位

工业机器人技术虚拟仿真实训中心聚焦"互联网+智能制造"，对接装备制造业发展，借力行业企业资源，利用 3D 虚拟环境模拟真实操作，打造从工业机器人基础学习与实训到专项技能训练，再到多机器人综合虚拟仿真、创新实践的"四层进阶"虚拟仿真平台，构建形成具有开放共享性、扩展性、前瞻性的工业机器人虚拟仿真学习平台，使之成为一个高职学生（机电一体化技术专业、工业机器人技术专业、电气自动化技术专业）、中高职教师、社会学习者（企业从业人员转型）的工业机器人技术学习资源平台，为珠三角地区制造业转型升级做出积极贡献。

2）中心构建内容

结合生产实际和能力训练要求，开发了相应的虚拟仿真实训工作站或系统，构建出与职业能力层级标准匹配的进阶式虚拟仿真实训平台，如图 1-7 所示。平台按资源的属性可包含二类，其中第一类为虚拟现实教学资源，构建了高度仿真的虚拟仿真实训环境和实训对象，包括工业机器人基本操作训练、机床上下料训练、多功能综合平台等 8 个虚拟仿真工作站，具体见前面表 1-1 所示。这部分资源与校工业机器人技术综合实训中心设备相同，本部分内容可作为实际实训的训前练习资源，可减少实训教学的高消耗。第二类为拓展资源，共有 13 个项目，拓展资源为学习者创造出课堂以外的虚拟工作环境，可作为学习者学习的拓展，不带有实体对象。本平台从资源配置上充分体现了虚实结合、相互补充的原则。平台按照任务功能共分为 4 个模块，具体为工业机器人认知与操作模块、工业机器人编程技术单项技能实训模块、工业机器人综合技能实训模块、工业机器人创新设计模块。

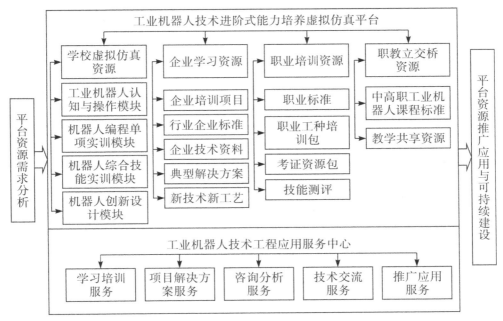

图 1-7　工业机器人技术虚拟仿真实训平台

利用 SolidWorks、RobotStudio 等软件,以"任务驱动,能力进阶"为原则,创建了 24 个 3D 虚拟实训项目,并构建了集能学、辅教、助训、促创、利赛于一体的网上生产性实训基地——工业机器人技术进阶式能力培养虚拟仿真实训中心。中心主要由 4 大模块组成,可实现分层技能训练,体系完整,具体为:

第一层是基础编程与操作模块,为基础性模块(对接岗位:机器人操作工)。基础编程与操作等虚拟仿真实训模块,共有 9 个虚拟仿真实训项目。本模块注重认知与操作,解决初学者工业机器人基本操作、指令学习、基础编程等基本技能学习及仿真训练的问题。

第二层是机器人典型应用虚拟仿真实训模块(对接岗位:机器人编程员),共有 9 个虚拟仿真实训项目。本模块侧重于工业机器人的典型应用,解决学生工业机器人编程高级指令的学习、编程、调试的问题,使学生提高编程技巧和方法,具备解决实际应用问题的能力。

第三层是机器人综合应用虚拟仿真实训模块(对接岗位:机器人系统集成助理工程师),共有 6 个虚拟仿真实训项目。本模块侧重于多机器人生产线的集成与综合应用,涉及异形轴、盘类等多机器人多工作站生产线,解决学生以多机器人柔性智能制造生产线为载体进行智能制造技术综合技能训练,让学生熟悉、学习集成多机器人协同生产,使学生具备综合应用与系统集成能力。

第四层为机器人发展与创新模块,本模块侧重于展示学生的科技创新项目、团省委攀登计划项目,以及参与工业机器人虚拟仿真创新大赛等机器人创新创意作品及创新获奖作品。本模块用于课外拓展,目的是启发学生的创新思维,锻炼学生的创新能力、仿真能力、编程能力及设计能力等。

虚拟仿真实训中心除了拥有与公共实训中心实体设备高度匹配的仿真项目,还有拓展项目。仿真中心可充分满足"线上线下"教学相结合的个性化、泛在化教学新模式。利用虚拟仿真实训中心与实体设备高度一致的虚拟实训环境和实训对象，可作为实践教学的训前准备，学习者借助 3D 虚拟仿真，实操前，练习编程与操作方法，可减少实训操作的高消耗，最重要的是保障了学生和设备安全。

1.4.3 配合虚实双中心，构建"在线开放课程"平台

为便于学生线上自主学习，在超星泛雅平台建设了包含 5 门专业核心课程的在线开放课程。线上课程资源分为基本资源、拓展学习资源和职业培训资源。基本资源包括说课、教学设计、教学课件、仿真动画、电子教材、知识点与技能点微课、案例操作录像、授课计划、学生自主学习工作页、实训指导书、技能测试等；拓展学习资源包括企业典型应用案例、行业解决方案、学生科技创新作品展示等；职业培训资源包括培训视频及相关考证标准等。在线开放课程为线上线下混合式实训教学提供了资源保障。其中"工业机器人技术及应用"课程在 2017 年被评为广东省省级精品在线开放课程，该课程教材及配套在线开放课程资源被全国 40 多所高职学院、师生达 5000 人采用，受到任课教师及学生们的普遍认同。

1.4.4 推行"全程化项目导师制"教学方式

构建技能大师工作室、大学生科技创新工作坊"室坊"协同的"全程化项目导师制"实践与创新方式。"全程化项目导师制"具体为技能大师工作室成员引导工业机器人技术专业协会、工业机器人技术应用大学生科技创新工作坊的学生进行机器人技术创新设计，拓展个性化培养。技能大师一般指导学生 5 ~ 8 人，实施以教师引导、学生为主体的方式，进行真实项目研发实践，切实提高学生的实践与创新能力。实践与创新项目可取材于校企协同成立的工业机器人工程应用科技服务特色创新平台、工业机器人技术应用产学研科技平台纵横向科研项目，也可由技能大师根据学生情况自拟。学生根据自己专业发展方向选择适合自己的实践项目，如"工业平面关节机器人技术平台开发"等。

1.5 "四位一体"的教学模式构建

落实"虚实结合、四层进阶"实践与创新教学体系，构建"理、虚、实、创"四位一体的教学模式。"理、虚、实、创"为围绕教学体系改革展开的"课程平台＋3D 虚拟仿真＋实训设备＋科技创新"四项混合式教学活动，具体如图 1-8 所示，即将基于在线开放课程呈现的课程内容、重现编程及实际操作的 3D 虚拟仿真、工业级的工业机器人实训设备、基于室坊协同的科技创新活动进行有机融合。四项混合式教学活动把课前、课中、课后融为一体，具体为课前线上（在线课程、仿真中心）自主学习，课中线下线上（在线课程、仿真中心、实训中心）翻转学习，课后线下线上（在线课程、仿真中心、实训中心）拓展学习、科技创新，架构如图 1-9 所示。

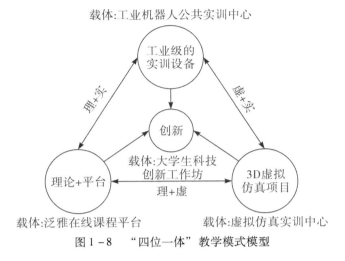

图 1-8　"四位一体"教学模式模型

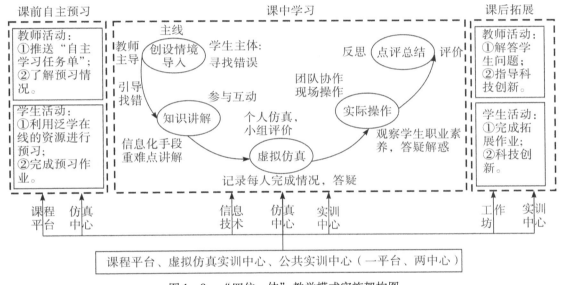

图 1-9　"四位一体"教学模式实施架构图

四项混合式教学活动都有着独特的地位和作用,这种模式充分体现了理论与实践的统一、仿真与实践的统一、实践与创新的统一;体现了线上与线下、课内与课外、仿真与实操、学习与创新的融合,最终实现过程和目标的统一。总之,"四位"共同支撑了机器人专业课程教学"一体"架构的全新教学模式。

1.6　虚实结合教学案例剖析

工业机器人机床上下料是工业机器人典型应用之一,机器人和机床都属于比较昂贵的设备,也是最容易出现碰撞的教学案例。下面以工业机器人机床上下料速度优化设计为例说明以学生为中心的"四位一体"混合、互动式的教学新模式的教学过程,实施中基于"课堂+线上线下"形式,遵循"课前预习、课中学习、课后拓展及创新"的教学原则,具体设计如表 1-3 所示。

表 1-3 "四位一体"教学模式设计

	活动	教师活动	学生活动
课前	线上预习	①推送"自主学习任务单" ②了解预习情况	①利用泛雅在线的资源进行预习 ②完成预习作业
课中	导入	①创设情境,借以检查预习情况 ②教师引导找错,引入教学内容	结合预习内容,寻找错误操作
	知识讲解	借助职教云平台等信息化教学手段进行重难点讲解	参与课堂互动
	虚拟仿真	①记录每个人完成情况,作为平时成绩 ②教师答疑	①个人完成仿真工作站 ②小组讨论评价,推荐最优
	实际操作	①培养学生职业素养 ②答疑解惑	实训,团队协作现场操作
	总结	①评价 ②布置课后任务	①结合评价,反思 ②了解课后任务
课后	线上线下拓展	①解答学生问题 ②指导科技创新	①完成作业 ②完成科技创新项目

1)课前自主学习

学生根据泛雅学习平台的"自主学习工作页",了解教学目标、教学任务、重难点,学生自主学习在线平台上的视频、微课、动画等学习资源,根据自己学习情况利用虚拟仿真实训中心的机床上下料工作站进行仿真验证与测试。学生对自学出现的问题可以在线展开讨论。教师应当设置任务点,并根据学生的学习状况及时指导,最大限度地调动学生学习的自主性和积极性。

实施中的任务点学生应自主学习、自主体验,便于构建属于自己的学习经验和知识体系。虚拟仿真项目应协作完成,可相互取长,避免个别学生因不能完成项目而影响其积极性。教师应及时关注讨论区,关注后台完成任务点的人数、观看微课时长等统计信息,为课堂组织做准备。

2)课堂学习

"四位一体"的教学模式实训课堂实施中以教师为主导、学生为主体,目标是打造"动起来"的有效、高效实训课堂。实训中分为创设情境导入、根据自主学习情况及时总结的知识点与技能点讲解、虚拟仿真、实际操作、总结总评五个教学环节。

(1)创设情境导入:以某同学实操编程视频为例,视频是描述"速度",重点显示机器人空载和搬运工件时速度一致以及接近对象时速度仍然没变化。结合预习内容,以学生寻找错误为教学切入点。同时检测预习情况以决定授课内容,时长 8 分钟。

(2)重难点讲解:借助手机学习通 APP 等信息化教学手段,讲解中应注意与学生互动,时长约 15 分钟。

(3)虚拟仿真:学生每人有个仿真软件程序练习包,练习界面如图 1-10 所示。应用指令在虚拟仿真实训工作站进行速度优化,仿真编程。利用 RobotStudio 展示速度优化前后对比效果，小组讨论评价任务指令掌握情况，推荐最优，下载到实体站，保证全体学生动起来。教师应注意学生表现，进行个性化指导，并记录学生学习的难点。时长 20 分钟。

（4）实际操作：现场操作应用，加深对指令的理解，工业机器人机床上下料实体工作站如图 1-11 所示。机器人机床上下料实体工作站以可视化的虚拟仿真编程方式改进并展示系统的速度性能，仿真成功后下载到实体平台练习，在这个过程中，教师应观察学生职业素养包括安全意识，并根据学生的表现评定学生的平时成绩。时长 30 分钟。

（5）总结和结束实训：教师对学生表现进行评价，对重难点进行讲解和答疑解惑。时长约 6 分钟。

图 1-10　工业机器人机床上下料虚拟仿真工作站

图 1-11　工业机器人机床上下料实体工作站

3）实训后拓展及创新

课后教师布置任务，利用线上资源——工业机器人技术虚拟仿真实训平台，编程实现多机器人多机床柔性制造生产线虚拟仿真系统，其生产线界面如图 1-12 所示，并把编程、速度设计等完成情况上传到虚拟仿真实训平台，以检测学生知识面拓展情况。

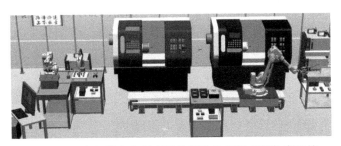

图 1-12　多机器人多机床柔性制造生产线虚拟仿真系统

依托工业机器人技术应用技能大师工作室和大学生科技创新工作坊，以挑战杯、"互联网＋"大学生科技创新创业比赛为契机，鼓励学生课外科技创新，激发学生学习兴趣。学生的课外创新——多工业机器人砚台制作虚拟仿真生产线，如图1－13所示。该生产线包含原料的输进、成型处理、设计雕刻、粗细打磨、水洗、上蜡保护、产检、码盘包装等从原料到成品的完整工序，该创新作品也获得全国工业机器人虚拟仿真大赛作品一等奖。实践证明，"理、虚、实、创"四位一体教学模式的实施有效提高了学生的创新能力。

图1－13　多工业机器人砚台制作虚拟仿真生产线

实施中情境导入要能激发学生观看的兴趣和探究欲望；知识讲解应采用多样化互动形式；充分利用设备，鼓励学生在仿真没有问题的情况下尽快实操；教师应注重对学生的评价。

第2章 工业机器人虚拟仿真编程技术

2.1 职业技能等级任务

入门级认知与操作模块为基础性模块，共有基本运动指令操作、规则轨迹运动、偏移指令快速编程、基本逻辑指令仿真、程序中断指令、程序数组应用 TPwrite 写屏指令、波形教学板运用、机器人离线轨迹编程、两同样工件离线编程等虚拟仿真工作站 9 个（表2-1），帮助学习者掌握操作、调试等基本技能，可对接工业机器人操作员岗位，可部分对接工业机器人操作与运维、工业机器人应用编程、工业机器人集成应用的初级证书与中级证书任务（表2-2）。职业技能等级证书所对应的职业技能要求可参阅相关的等级标准。

表 2-1 已建虚拟仿真资源一览表

序号	名称	三维仿真	能否编程与操作实训
1	基本运动指令仿真项目	是	能
2	规则轨迹运动仿真项目	是	能
3	偏移指令快速编程项目	是	能
4	基本逻辑指令仿真项目	是	能
5	程序中断指令仿真项目	是	能
6	程序数组应用 TPwrite 写屏指令仿真项目	是	能
7	波形教学板运用虚拟仿真	是	能
8	机器人离线轨迹编程虚拟仿真	是	能
9	两同样工件离线编程虚拟仿真	是	能

表 2-2 对接职业技能等级证书相关任务

序号	职业技能等级证书	初级工作任务	中级工作任务	备注
1	工业机器人操作与运维	①运用示教器完成工业机器人的基本操作 ②工业机器人操作	运用示教器完成工业机器人简单动作编程	
2	工业机器人应用编程	①工业机器人手动操作 ②基本运动指令编程	仿真环境搭建	
3	工业机器人集成应用	①工作站模型搭建 ②工业机器人坐标系的标定与验证 ③工业机器人示教编程	工作站虚拟仿真	

2.2 基本运动指令

工业机器人在空间中运动主要有线性运动（MoveL）、关节运动（MoveJ）、圆弧运动

（MoveC）和绝对位置运动（MoveAbsJ）四种方式。

1）线性运动指令（MoveL）

线性运动是机器人的 TCP 从起点到终点之间的路径始终保持为直线。机器人以线性移动方式运动至目标点，当前点与目标点两点成一条直线，机器人运动状态可控，运动路径保持唯一，可能出现死点，常用于机器人在工作状态移动。

使用 MoveL 指令时，只需示教确定路径的起点和终点。一般如焊接、激光切割、涂胶等应用对路径要求高的场合使用此指令。指令如下：

MoveL　p1，v100，z50，tool1/WObj：= Wobj1

指令数据解析见表 2-3 所示。

表 2-3　指令数据解析表

参数	含义
MoveJ	指令名称
p1	目标点位置
v100	运动速度（mm/s）
z50	转弯区半径（mm）
tool1	工具坐标数据
Wobj1	工件坐标数据

上述指令表示的含义是：机器人的 TCP 从当前向 p1 点运动，速度是 100 mm/s，转弯区数据是 50 mm，距离 p1 点还有 50 mm 的时候开始转弯，使用的工具坐标是 tool1，工件坐标是 Wobj1。

观察下列指令，对比 z 值和 fine 的区别：

MoveL　p1，v100，z30，tool1/WObj：= Wobj1；

MoveL　p2，v100，fine，tool1/WObj：= Wobj1；

解析：z30 指机器人 TCP 不达到目标点，而是在距离目标点 30 mm 处圆滑绕过目标点（见图 2-1 中的 p1 点）。转弯区数值越大，机器人的动作路径就越圆滑与流畅。

fine 指机器人 TCP 达到目标点（见图 2-1 中的 p2 点），在目标点速度降为零。机器人动作有停顿，如果是一段路径的最后一个点，一定要为 fine。

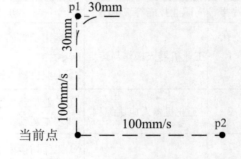

图 2-1　工业机器人线性运动轨迹

2）关节运动指令

机器人以最快捷的方式运动至目标点，机器人运动状态不可控，但运动路径保持唯一。关节运动指令是在对路径精度要求不高的情况下发出，机器人的工具中心点 TCP 从一个位置移动到另一个位置，两个位置之间的路径不一定是直线。指令如下：

MoveJ　p10，v300，z50，tool1

该指令表示的含义为：机器人的 TCP 从当前位置向 p10 点运动，速度是 300 mm/s，转弯区数据是 50 mm，距离 p10 点还有 50 mm 的时候开始转弯，使用的是工具坐标 tool1。

关节运动指令适合机器人大范围运动，运动过程中不易出现机械死点状态。工业生产中用到该指令的机器人操作如搬运、分拣、码垛等。

3）圆弧运动指令

机器人通过中间点以圆弧移动方式运动至目标点，圆弧路径是在机器人可到达的空间范围内定义三个位置点，第一个点是圆弧的起点（当前点），第二点用于圆弧的曲率，第三个点是圆弧的终点，机器人运动状态可控，运动路径保持唯一，常用于机器人在工作状态移动。指令如下：

MoveC　p10，p20，v300，z1，tool1

该指令表示的含义为：机器人的 TCP 从当前位置向中点 p10、终点 p20 做圆弧运动，速度是 300 mm/s，转弯区数据是 1 mm，距离 p20 点还有 1 mm 的时候开始转弯，使用的是工具坐标 tool1。

圆弧运动指令 MoveC 在做圆弧运动时一般不超过 240°，所以一个完整的圆通常使用两条圆弧指令来完成。

4）绝对位置运动指令

绝对位置运动指令是机器人的运动使用 6 个轴和外轴的角度值来定义目标位置数据。常用于机器人 6 个轴回到机械零点（0 度）的位置。指令如下：

MoveAbsJ ∗ \NoEoffs，v100，z50，tool1

指令数据解析见表 2 - 4。

表 2 - 4　指令数据解析表

参数	含义
MoveAbsJ	指令名称
∗	目标点位置
\NoEoffs	外轴不带偏移数据
v100	运动速度（mm/s）
z50	转弯区半径（mm）
tool1	工具坐标数据

例如：PERS jointarget jpos0：= [[0,0,0,0,0,0],[9E + 09,9E + 09,9E + 09,9E + 09,9E + 09,9E + 09]]；

关节目标点数据中各关节轴为零度。

MoveAbsJ jpos0 \ NoEoffs，v100，z50，tool1 \ WObj：= Wobj1；

则机器人运行至各关节轴零度位置。

2.3　示教编程技术

利用示教器编程实现沿着图中工件的轮廓线自动运行（图 2 - 2），即机器人从起始点 p1，直线运动到 p2 点，再经两个圆弧运动到 p3 点，继续沿着轮廓线运动依次经过 p3、 p4、p5、p6、p7 点回到起始点 p1 后，再到工具 TCP 点 p0，如此反复。

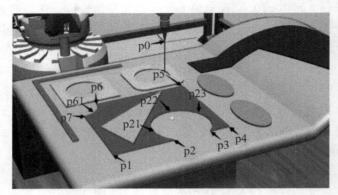

图 2 - 2　工业机器人示教点

下面进行机器人运动轨迹的创建：

1）创建 Module1 程序模块

（1）在主界面下单击"程序编辑器"，打开程序编辑器，如图 2 - 3 所示。

图 2 - 3　创建 Module1 程序模块

（2）弹出的对话框，单击"取消"，进入模块列表界面，如图 2 - 4 所示。

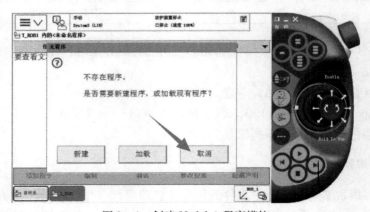

图 2 - 4　创建 Module1 程序模块

（3）在模块列表界面中，单击"文件"，选择"新建模块"，如图 2 - 5 所示。

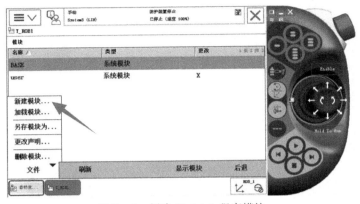

图 2 - 5　创建 Module1 程序模块

（4）在弹出的模块对话框中，单击"是"，如图 2 - 6 所示。

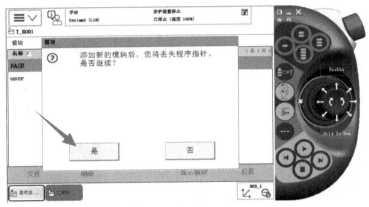

图 2 - 6　创建 Module1 程序模块 1

（5）采用默认的 Module1 的程序模块，单击"确定"，如图 2 - 7 所示。即建立 Module1 程序模块。注意：程序模块的名称可以根据需要自己定义，以方便管理。

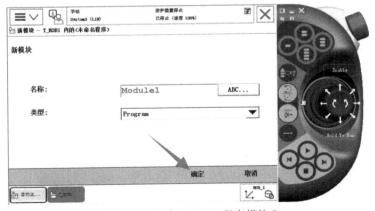

图 2 - 7　创建 Module1 程序模块 2

2）建立 main 主程序

（1）选中"Module1 程序模块"并单击，如图 2 − 8 所示。

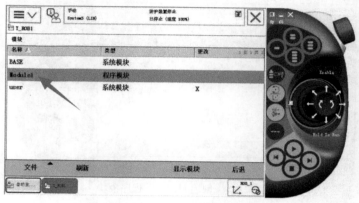

图 2 − 8　创建 main 主程序 1

（2）在弹出的界面中，单击"例行程序"进行例行程序的创建，如图 2 − 9 所示。

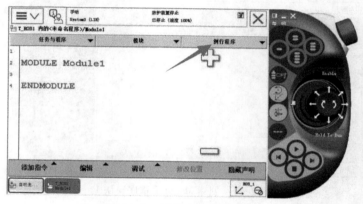

图 2 − 9　创建 main 主程序 2

（3）从"文件"中选择单击"新建例行程序"，如图 2 − 10 所示。

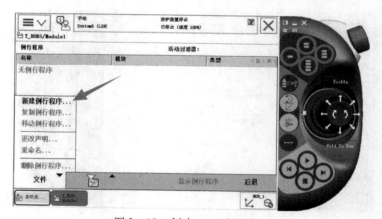

图 2 − 10　创建 main 主程序 3

（4）点击"ABC…"按钮，如图 2 – 11 所示。

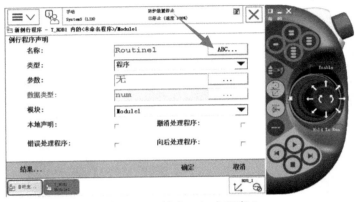

图 2 – 11　创建 main 主程序 4

（5）在弹出的界面内将其名称设定为"main"，然后单击"确定"。如图 2 – 12 所示。主程序架构建立完毕。

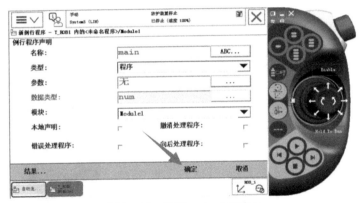

图 2 – 12　创建 main 主程序 5

3）编辑主程序

（1）单击"main"，进入程序编辑窗口，如图 2 – 13 所示。

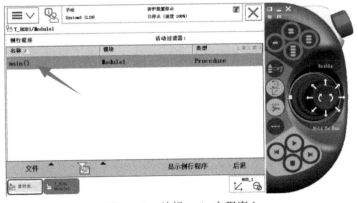

图 2 – 13　编辑 main 主程序 1

（2）程序编辑窗口 main 程序中，选中"＜SMT＞"，点击"添加指令"，编写程序，如图 2 - 14 所示。

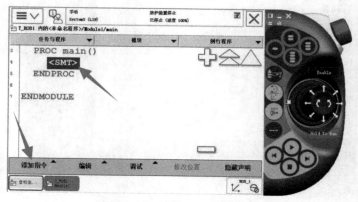

图 2 - 14　编辑 main 主程序 2

（3）单击 MoveJ，在程序中自动添加了该指令，＜SMT＞是指令插入的位置，如图 2 - 15 所示。

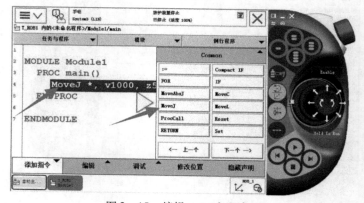

图 2 - 15　编辑 main 主程序 3

（4）双击"＊"，进入指令参数修改界面，如图 2 - 16 所示。

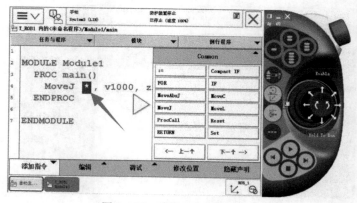

图 2 - 16　编辑 main 主程序 4

（5）单击"新建"，如图 2 – 17 所示。

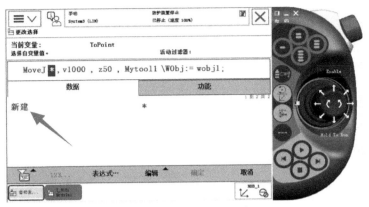

图 2 – 17　编辑 main 主程序 5

（6）点击"…"，在新数据声明窗口中，p10 改为 p1，如图 2 – 18 所示。

图 2 – 18　编辑 main 主程序 6

（7）单击"确定"后，可以看到原来位置的"＊"变为了 p1，单击"确定"后，如图 2 – 19 所示。返回主程序编辑窗口。

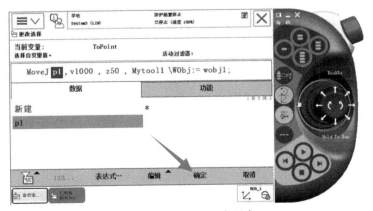

图 2 – 19　编辑 main 主程序 7

（8）选择合适的动作模式，使用摇杆将机器人运动到所希望的 p1 位置，在主程序编辑窗口，单击"修改位置"，如图 2-20 所示。将机器人的当前位置数据记录下来，在弹出的对话框，单击"修改"进行确认。当然该位置可在以后进行修改。双击"v1000"，在弹出的界面内改为"v300"。需要确切到达 p1，双击"z50"，在弹出的对话框选择"fine"。双击"tool0"，在弹出的对话框选择"Mytool1"。

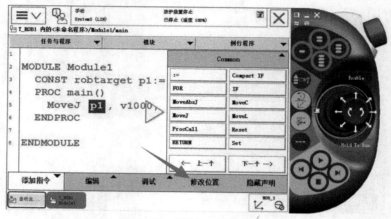

图 2-20　编辑 main 主程序 8

（9）回到主程序编写界面后，再次通过添加一条 MoveL 指令，以控制机器人移动到 p2 点。点击"MoveL"指令，如图 2-21 所示，会提示该指令在下方还是在上方，根据需要点击下方。

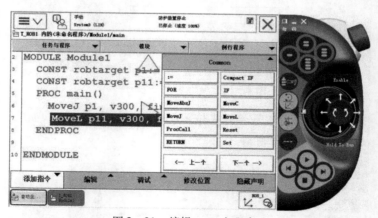

图 2-21　编辑 main 主程序 9

（10）位置点默认为 p11。同样的方法，把 p11 改为 p2，机器人工具末端移动到 p2 点，然后通过"修改位置"，记录下 p2 的位置。双击 v300，在弹出的界面内改为 v200。p1 到 p2 为直线，无圆弧，仍为"fine"。如图 2-22 所示。

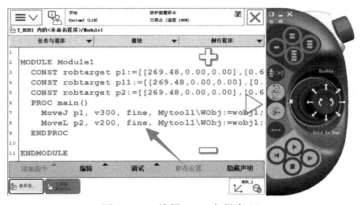

图 2 - 22　编辑 main 主程序 10

（11）添加圆弧指令"MoveC"，示教 p21、p22。其他各点方法一致，如图 2 - 23 所示。

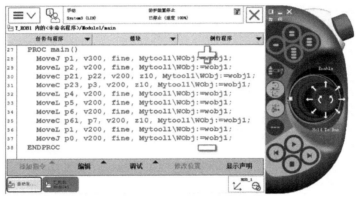

图 2 - 23　编辑 main 主程序 11

4）运行示教轨迹

（1）单击"调试"，选中"PP 移至 Main"，如图 2 - 24 所示。PP 是程序指针（图中小箭头）的简称。程序指针永远指向将要执行的指令，所以图中的指令将会是被执行的指令。指令左侧出现的一个小机器人，表明实际机器人所在的位置。

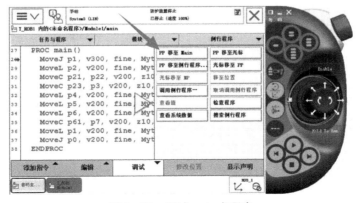

图 2 - 24　调试 main 主程序

（2）按下使能按钮使电机上电，单击"运行"，如图 2-25 所示。机器人就可按照示教的轨迹自动运行一次，即实现单周运动。若个别示教点位置姿态有问题，按单步运行，可确定位置姿态有问题的点，调整位置姿态后重新进行（1）（2）步骤。

图 2-25　单周运行示教轨迹

5）连续运行示教轨迹

（1）利用 WHILE 循环连续运行示教轨迹，方法是：选中第一条指令，点击"添加指令"，选择"WHILE"，如图 2-26 所示。双击"< EXP >"，在弹出对话框选择"TURE"。把单周运动的指令通过"编辑"中的剪切和粘贴，全部添加到"< SMT >"中。单击"调试"，选中"PP 移至 Main"，再点击运行即可实现连续运行示教轨迹。

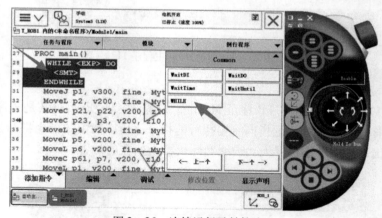

图 2-26　连续运行示教轨迹 1

（2）利用 IF 连续运行示教轨迹，方法与利用 WHILE 相同：选中第一条指令，点击"添加指令"，选择"IF"，如图 2-27 所示。双击"< EXP >"，在弹出对话框中选择"TURE"。把单周运动的指令通过"编辑"中的剪切和粘贴，全部添加到"< SMT >"中。单击"调试"，选中"PP 移至 Main"，再点击"运行"即可实现连续运行示教轨迹。

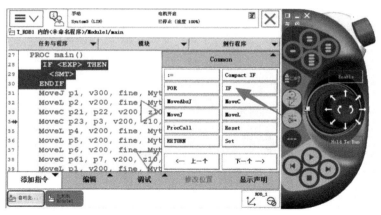

图 2 - 27　连续运行示教轨迹 2

2.4　离线编程技术

利用构建的工业机器人的工作站，如图 2 - 28 所示，利用离线编程方法实现沿着图中工件的轮廓线自动运行。

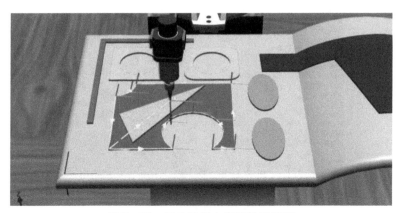

图 2 - 28　工业机器人离线轨迹路径

如果知道机器人、工具、工件的三维几何模型，可采用离线编程的方法创建运动轨迹。下面介绍利用 ABB 工业机器人软件 RobotStudio 和采用离线编程的方法完成本项目所要求的运动轨迹。

1）创建工件坐标

创建工件坐标也可采用从项目四扩展部分建立的工件坐标同步到工作站，其方法是在"基本"功能选项卡，单击"同步"下拉菜单中的"同步到工作站"的方式。此处不再详述。此处在工件模型已知的情况下，采用一种快捷方式建立工件坐标，具体如下：

（1）在"基本"功能选项卡，单击"其它"下拉菜单中的"创建工件坐标"，如图 2 - 29 所示。

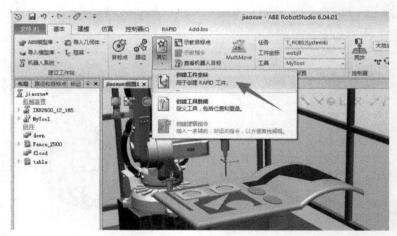

图 2 – 29　创建工件坐标 1

（2）在弹出的对话框，将"数据"栏下的"名称"内容改为"Wobj"。在"用户坐标框架"栏，点击"取点创建框架"，选中下拉菜单中的"三点"，如图 2 – 30 所示。

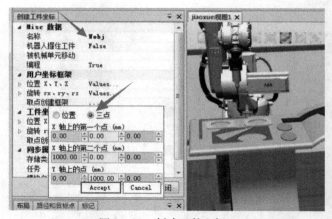

图 2 – 30　创建工件坐标 2

（3）单击"选择表面"和"捕捉末端"，并点击"三点"对话框中的第一个框，如图 2 – 31 所示。

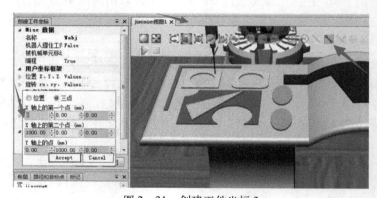

图 2 – 31　创建工件坐标 3

（4）捕捉如图 2 – 32 所示的第一个点，作为 X 轴上的第一个点。

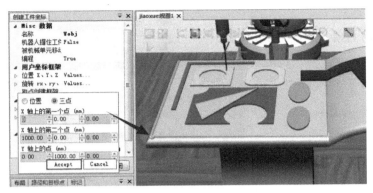

图 2 – 32 创建工件坐标 4

（5）捕捉如图 2 – 33 所示的点，作为 X 轴上的第二个点。

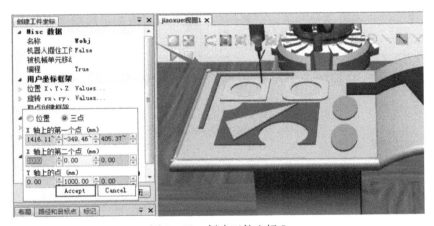

图 2 – 33 创建工件坐标 5

（6）捕捉如图 2 – 34 所示的点，作为 Y 轴上的第一个点，并点击"Accept"。

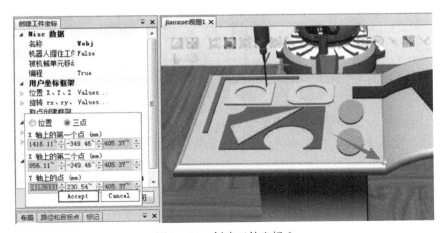

图 2 – 34 创建工件坐标 6

（7）单击"创建"，即建立如图 2 - 35 所示的工件坐标。

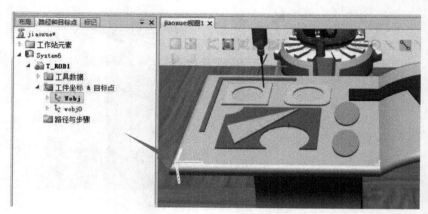

图 2 - 35   创建工件坐标 7

2）创建运动轨迹

离线创建运动轨迹有两种方法，一是创建空路径，再添加示教指令；二是创建自动路径，再调整姿态。

下面介绍第一种方法：

（1）在"基本"功能选项卡，单击"路径"下拉菜单中的"空路径"，如图 2 - 36 所示。

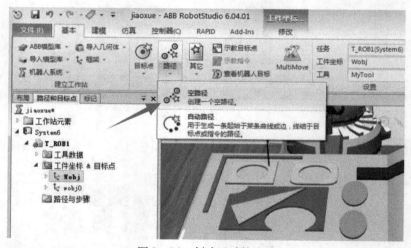

图 2 - 36   创建运动轨迹 1

（2）生成如图 2 - 37 所示的空路径"Path_10"，设定工件坐标为"Wobj"（前面创建的工件坐标），工具坐标为"Mytool"，并对运动指令及参数进行设定。

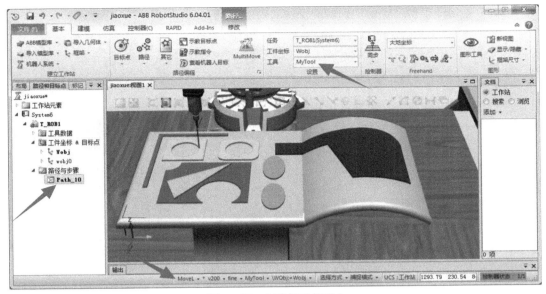

图 2 – 37　创建运动轨迹 2

（3）选择"手动线性""捕捉末端"，把机器人移到 p1 点，并单击"示教指令"，显示新创建的运动指令，如图 2 – 38 所示。

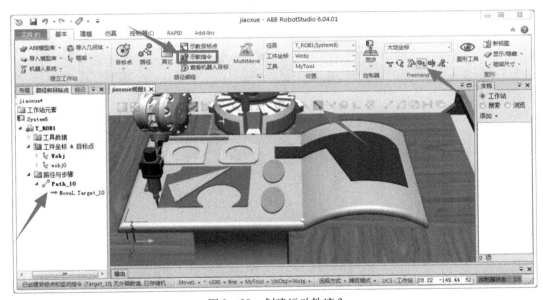

图 2 – 38　创建运动轨迹 3

（4）依次展开"工件坐标 & 目标点" > "Wobj" > "Wobj_of"，如图 2 – 39 所示，右击将目标点"Target_10"重命名为"p1"。

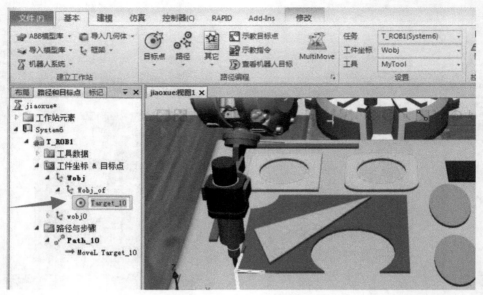

图 2 - 39　创建运动轨迹 4

（5）重复（3）（4）步骤，创建由 p1→p2→p21→p22→p23→p3→p4→p5→p6→p61→p7→p1 点全是"MoveL"的运动指令，并添加一条"MoveJ"回 p0 点的指令，如图 2 - 40 所示。

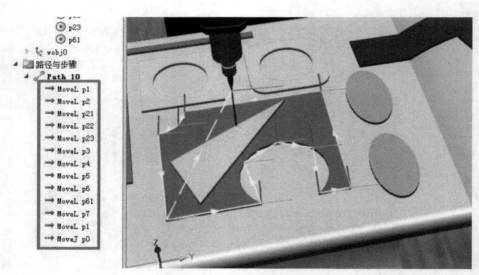

图 2 - 40　创建运动轨迹 5

（6）按住键盘上的"Ctrl"，依次点击"MoveL p21""MoveL p3"，单击鼠标右键选择"修改指令"→"转换为 MoveC"，如图 2 - 41 所示。

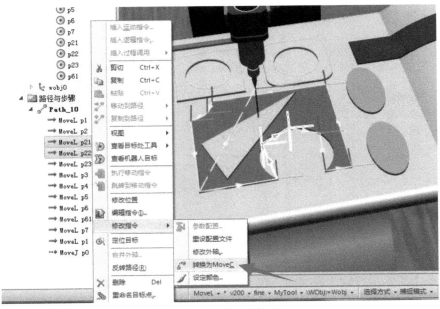

图 2 - 41　创建运动轨迹 6

（7）同理，按步骤（6）的方法，将"MoveL p23"与"MoveL p3"，"MoveL p61"与"MoveL p7"修改为圆弧指令，如图 2 - 42 所示。右击"Path_10"，选择"沿着路径运动"，查看机器人是否能够完整沿着设定的轨迹运动，若个别示教点位置姿态有问题，重新调整姿态，直至能够走完轨迹为止。

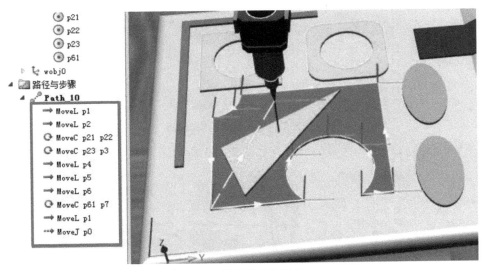

图 2 - 42　创建运动轨迹 7

下面介绍第二种方法：

（1）在"建模"功能选项卡，单击"表面边界"，选中"选择表面"，捕捉快捷方式就会切换为"选择表面"，如图 2 - 43 所示。

33

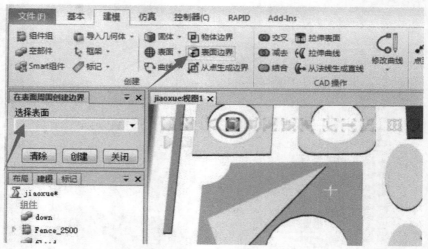

图 2-43　创建运动轨迹 8

（2）单击所要运行轨迹的表面，在"表面周围创建边界"对话框内显示所选的表面，如图 2-44 所示，单击"创建"。

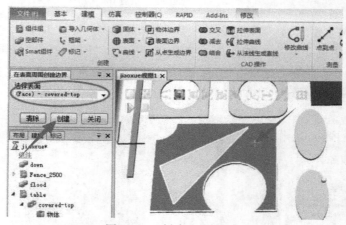

图 2-44　创建运动轨迹 9

（3）"部件_1"即为生成的曲线，如图 2-45 所示。

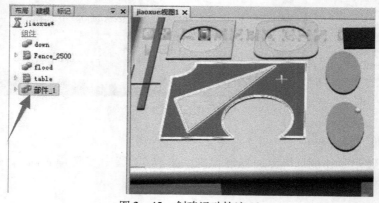

图 2-45　创建运动轨迹 10

（4）在"基本"功能选项卡，设定工件坐标为"Wobj"（前面创建的工件坐标），工具坐标为"Mytool"。并对运动指令及参数进行设定，如图 2 - 46 所示。

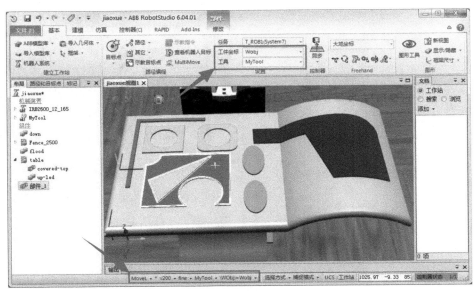

图 2 - 46　创建运动轨迹 11

（5）在"基本"功能选项卡，单击"路径"下拉菜单中的"自动路径"，弹出如图 2 - 47 所示的自动路径对话框，并选择捕捉工具"选择曲线"。

图 2 - 47　创建运动轨迹 12

（6）捕捉选中轨迹的第一条路径，在自动路径对话框显示选中的路径，如图 2－48 所示。

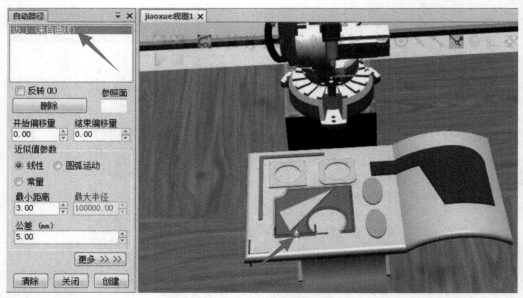

图 2－48　创建运动轨迹 13

（7）用同样的方法捕捉选中其余轨迹路径，在"自动路径"对话框中显示所有的路径，如图 2－49 所示。

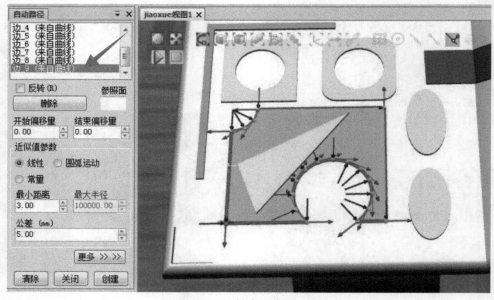

图 2－49　创建运动轨迹 14

（8）在捕捉快捷方式中选择"选择表面"，并在"自动路径"对话框中的"参照面"内单击，然后单击轨迹的表面，如图 2 - 50 所示，生成的目标点 Z 轴方向与选定表面处于垂直状态。

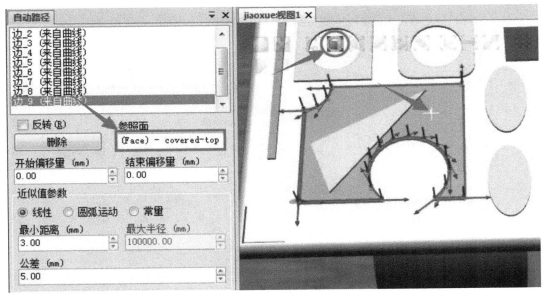

图 2 - 50　创建运动轨迹 15

（9）单击"近似值参数"中的"圆弧运动"。设定近似值参数，然后单击"创建"，如图 2 - 51 所示。

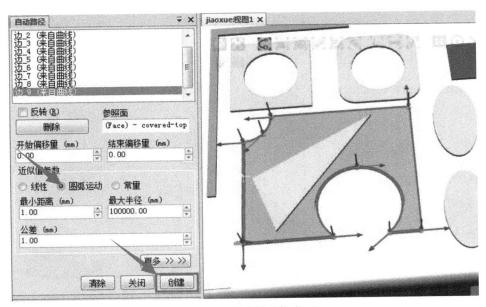

图 2 - 51　创建运动轨迹 16

对比图 2 - 50 和图 2 - 51，可看到：选择圆弧运动时，其目标点比较少。这是因为选择圆弧运动，其轨迹会在圆弧特征处生成圆弧指令，在线性特征处生成线性指令，在不规则形状时作为分段线性。而选择线性时，轨迹会为每个目标生成线性指令，圆弧也作为分段线性。

（10）单击"关闭"，可看到生成的路径"Path_10"，如图 2 - 52 所示。

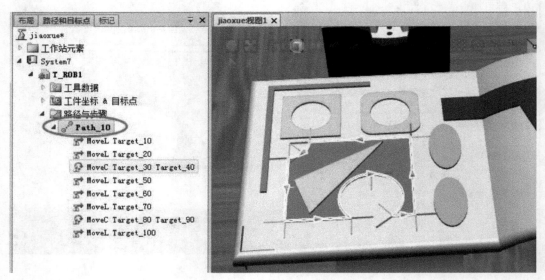

图 2 - 52　创建运动轨迹 17

（11）因为路径的第一个圆弧角度大于 240，所以要用两个圆弧指令，在"基本"功能选项卡下再新建一个线性自动路径，选择圆弧边界，调整最小距离，将目标点缩至 5 个，如图 2 - 53 所示，点击"创建"。

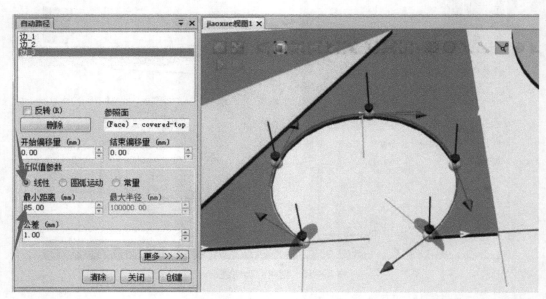

图 2 - 53　创建运动轨迹 18

（12）展开新建的"Path_20"，如图 2 – 54 所示，依次将"MoveL Target_120"与"MoveL Target_130"，"MoveL Target_140"与"MoveL Target_150"转换为 MoveC。

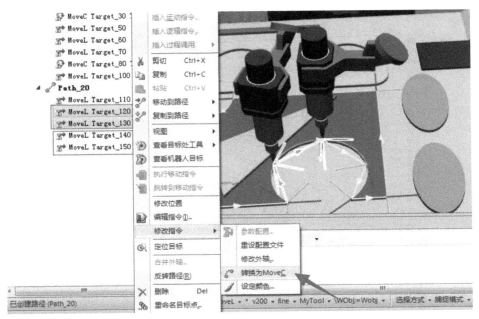

图 2 – 54　创建运动轨迹 19

（13）如图 2 – 55 所示，选中两个圆弧指令，按住鼠标左键将其移到"MoveL Target_20"下面，并删除原本的圆弧指令"MoveC Target_30 Target_40"。

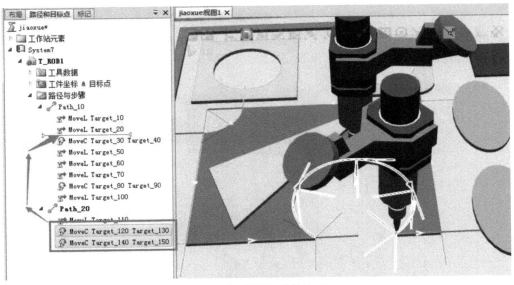

图 2 – 55　创建运动轨迹 20

（14）选中"System7"，单击鼠标右键选择"删除未使用的目标点"，最后的界面如图2-56所示。

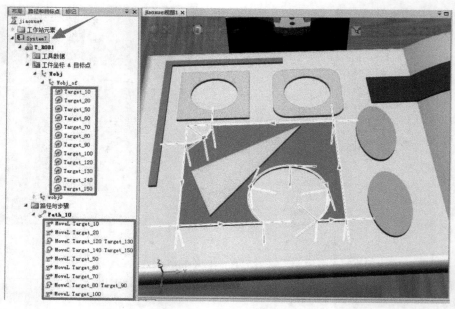

图2-56 创建运动轨迹21

3）目标点调整

生成的路径"Path_10"机器人还不能直接按照此轨迹运行，会存在机器人不能到达的目标点，因此需要对一些目标点进行调整，其方法如下：

（1）在"基本"功能选项卡，单击"路径和目标点"选项卡，依次展开System7（此处不同的计算机system可能不一致）、T_ROB1、工件坐标&目标点、Wobj、Wobj_of，可看到生成的目标点，如图2-57所示。

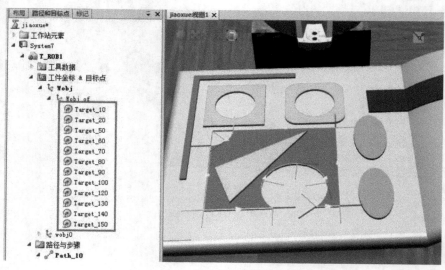

图2-57 目标点调整1

（2）选中目标点"Target_10"，鼠标右键单击该目标点，弹出菜单中选择"查看目标处工具"，选择本工作站使用的工具"Mytool"，这样可以看到在此目标点处显示出工具的姿态，如图 2 - 58 所示。

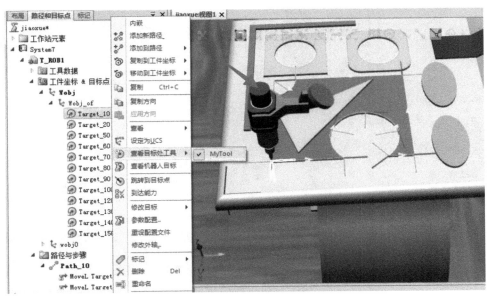

图 2 - 58　目标点调整 2

（3）在图 2 - 58 可看出该目标点，以此姿态难以达到，需要改变其姿态，使机器人能够到达该目标点。可选中目标点"Target_10"，鼠标右键单击该目标点，弹出菜单中选择"修改目标"→"旋转"，如图 2 - 59 所示。

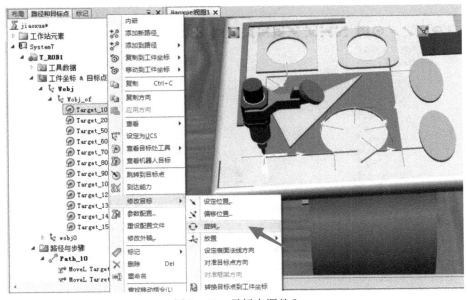

图 2 - 59　目标点调整 3

（4）在弹出的对话框内，"参考"选择"本地"，"旋转"选择绕 Z 轴旋转，度数输入"-90"（数值根据实际情况调整），单击"应用"，可看到该目标点工具的姿态发生了改变，如图 2-60 所示。

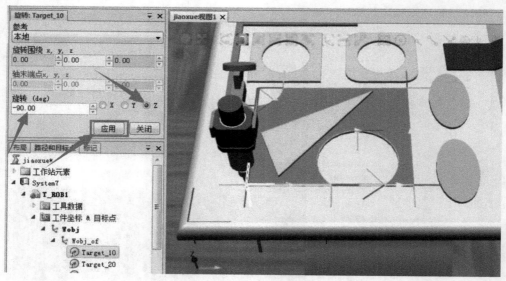

图 2-60　目标点调整 4

（5）用同样方法可修改其余的目标点，选中所有目标点（Shift + 鼠标左键）后可看到在所有目标点处工具的姿态，如图 2-61 所示。

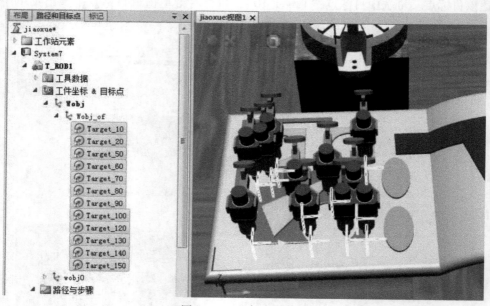

图 2-61　目标点调整 5

4）轴参数配置

（1）选中目标点"Target_10"，鼠标右键单击该目标点，弹出菜单中选择"参数配置"，如图 2 - 62 所示。

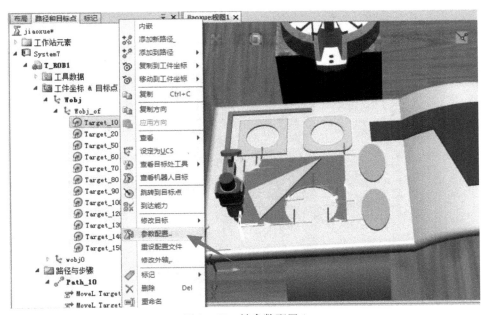

图 2 - 62　轴参数配置 1

（2）弹出对话框中选择"Cfg1（…）"（如果有多个轴配置，视具体情况选择），单击"应用"，如图 2 - 63 所示。

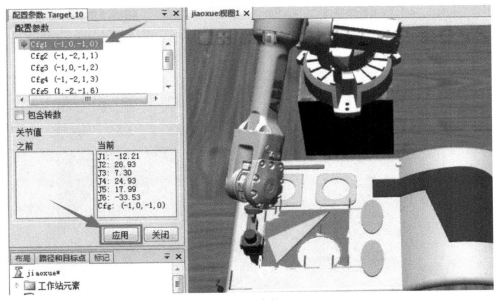

图 2 - 63　轴参数配置 2

（3）用同样方法为其余的目标点进行参数配置，配置完成后，点击配置参数"关闭"，点击"路径"，选中"Path_10"，鼠标右键单击"配置参数"→"自动配置"，如图2-64所示。从图中可看到机器人在运动，若在目标点机器人位置姿态都能顺利达到，则机器人沿着路径轨迹自动运行一周。若有目标点不能达到，需重新调整工具姿态参数配置，再次进行自动配置，直至能够走完轨迹为止。

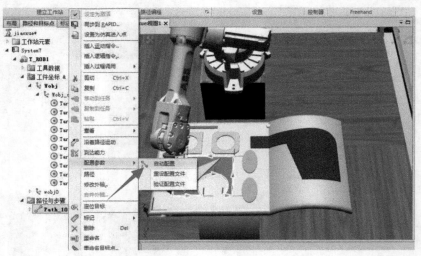

图2-64　轴参数配置3

5）完善程序

为进一步接近工业生产情况，需定义接近加工位置的pA点，以及加工完成后的离开位置pB点，另外机器人在未走轨迹加工之前应处于一个安全位置，此处定义为pHome点。

（1）将接近加工位置的pA点定义为相对于起始目标点"Target_10"沿着其点所在坐标的Z轴偏移一定距离。方法为：选中"Target_10"点，鼠标右键单击，选择"复制"，如图2-65所示。

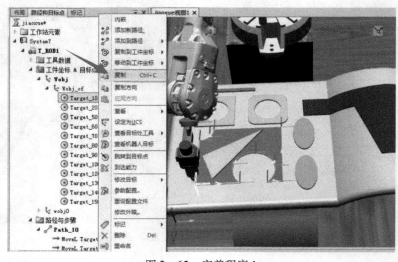

图2-65　完善程序1

（2）选中"Wobj"，鼠标右键单击，选择"粘贴"，如图 2 - 66 所示。

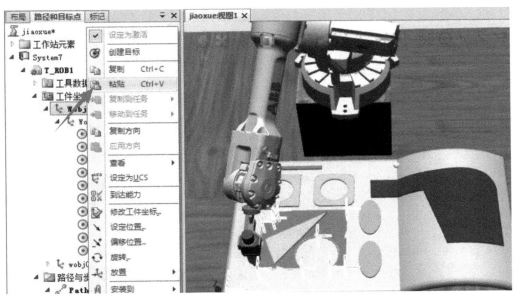

图 2 - 66　完善程序 2

（3）单击选中"Target_10_2"点，把名字修改为"pA"，选中"pA"，鼠标右键单击，选中"修改目标"→"偏移位置"，如图 2 - 67 所示。

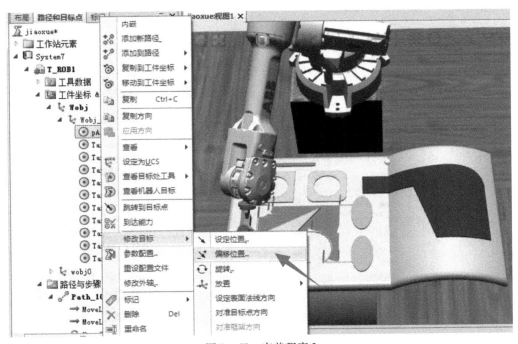

图 2 - 67　完善程序 3

（4）在弹出对话框中选择"参考"为"本地"，"Translation"的第三个框，即 Z 值设定为"−150"，单击"应用"，如图 2−68 所示。

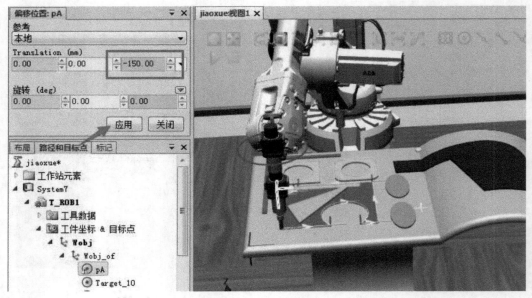

图 2−68　完善程序 4

（5）对"pA"点进行参数配置，然后鼠标右键单击"pA"点，选择"添加到路径"→"Path_10""〈第一〉"，如图 2−69 所示。

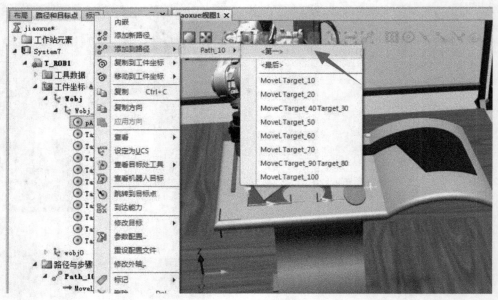

图 2−69　完善程序 5

（6）添加到路径后，结果如图 2 - 70 所示。

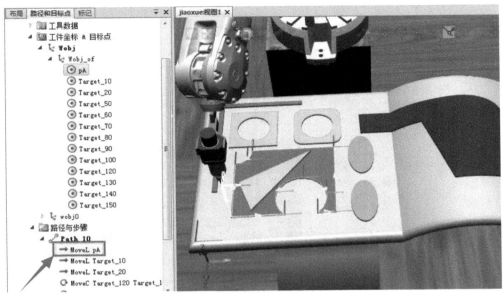

图 2 - 70　完善程序 6

（7）用同样的方法完成加工完成后的离开位置 pB 点。选中"Target_150"点，鼠标右键单击，选择"复制"。修改名字、偏移位置、参数配置、添加路径到"Path_10"中的"最后"。完成结果如图 2 - 71 所示。

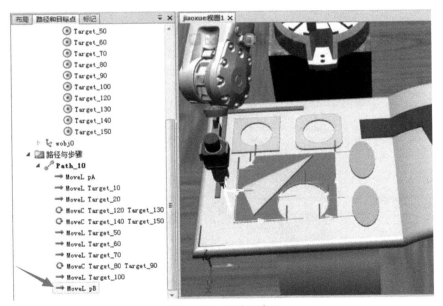

图 2 - 71　完善程序 7

（8）定义 pHome 点

在"布局"选项卡中，选中"IRB2600_12_165_01"，鼠标右键点击"IRB2600_12_165_01"，在弹出菜单中选择"回到机械原点"，如图 2-72 所示。

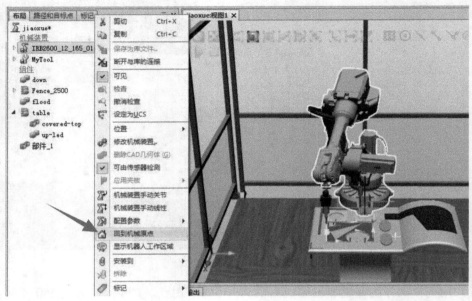

图 2-72　完善程序 8

（9）在"基本"功能选项卡中，工件坐标选中"Wobj0"，点击"示教目标点"，如图 2-73 所示，弹出对话框中选择"是"。

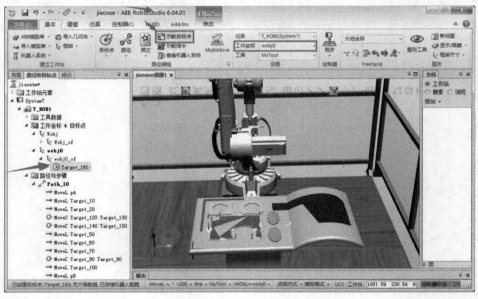

图 2-73　完善程序 9

（10）在"Wobj0"坐标系中生成目标点"Target_160"，将其命名为"pHome"。用同样的方法添加到路径"Path_10"的第一行，如图 2-74 所示。用同样的方法添加到路径"Path_10"的最后一行。

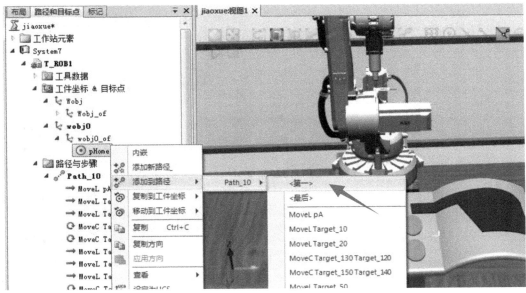

图 2-74　完善程序 10

（11）选中路径"Path_10"的第一行指令"MoveL pHome"，右键单击，选择"编辑指令"，如图 2-75 所示。

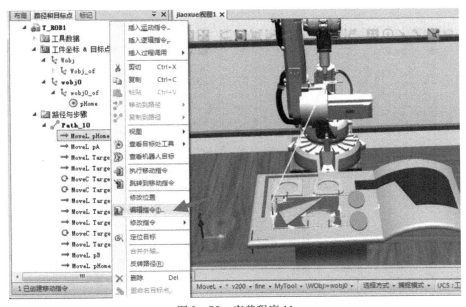

图 2-75　完善程序 11

（12）在弹出对话框，"动作类型"选择"Joint"，"Speed"选择"v300"，"Zone"选择"z30"，更改完成后单击"应用"，如图 2－76 所示。其他语句指令更改可参考后面的程序。

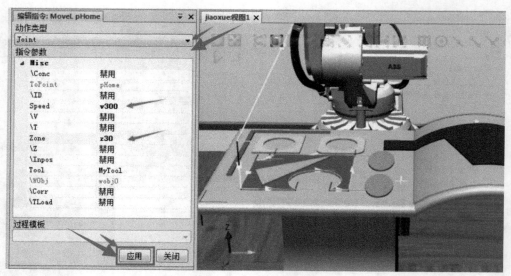

图 2－76　完善程序 12

（13）修改完成后，再次为路径"Path_10"进行一次轴参数自动配置，如图 2－77 所示。

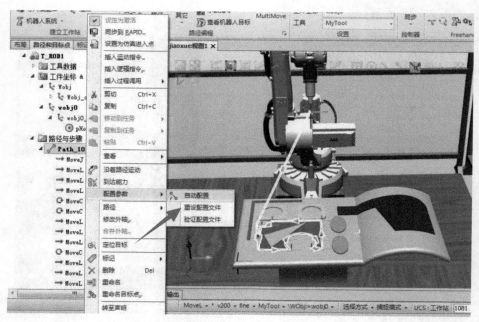

图 2－77　完善程序 13

6）仿真运行

（1）新建一个空路径，鼠标右击重命名为"main"，按住鼠标左键将"Path_10"移到"main"里面，如图 2 – 78 所示。

图 2 – 78　创建运动轨迹

（2）在"基本"功能选项卡中，单击"同步"，点击"同步到 RAPID"，如图 2 – 79 所示。

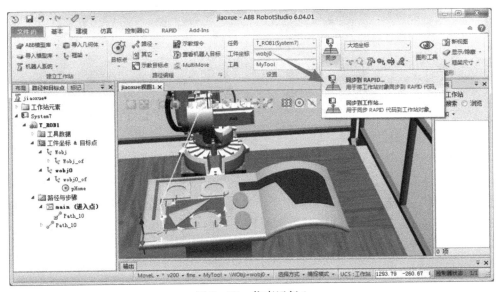

图 2 – 79　仿真运行 1

（3）在弹出对话框中选择所有同步的内容，单击"确定"，如图2-80所示。

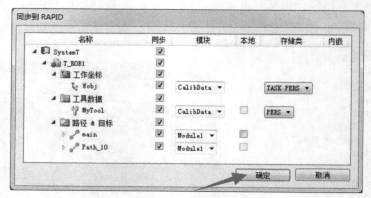

图2-80　仿真运行2

（4）单击"播放"，如图2-81所示，即可执行仿真，可看到机器人运行轨迹。

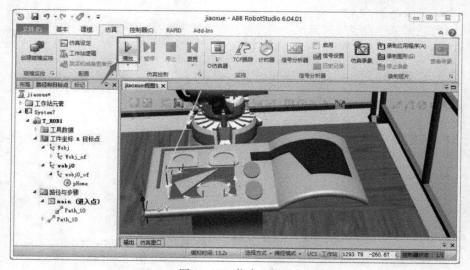

图2-81　仿真运行3

7）查看程序

在"控制器"功能选项卡中，单击"示教器"，点击"虚拟示教器"，在打开的虚拟示教器主菜单中点击"程序编辑器"可查看程序。也可在"RAPID"功能选项卡中，单击"控制器"，单击"system12"，单击"RAPID"，单击"module1"，可看到的程序如下：

```
MODULE Module1
!程序模块，名称为默认的Module1。
    CONSTrobtarget Target_10：=［［78.055961137，96.115564804，-5.00027509］，［1，0，0，
-0.000000001］，［-1，0，-1，0］，［9E+09，9E+09，9E+09，9E+09，9E+09，9E+09］］；
    !离线生成的目标点数据，共包含四组数据，分别表示为TCP位置数据、TCP姿态数据、轴配置数据和外部轴数据。
    ……
```

CONSTrobtarget pHome：= [[1201. 588948582,0,1075. 147241397],[0. 190808872,0,0. 981627207,0],
[-1,0,-1,0],[9E +09,9E +09,9E +09,9E +09,9E +09,9E +09]];

!示教生成的目标点数据。

CONSTrobtarget pA：= [[78. 055961137,96. 115564804,-155. 00027509],[1,0,0,-0. 000000001],
[-1,0,-1,0],[9E +09,9E +09,9E +09,9E +09,9E +09,9E +09]];

CONSTrobtarget pB：= [[78. 055961137,96. 115564804,-155. 00027509],[1,0,0,-0. 000000001],
[-1,0,-1,0],[9E +09,9E +09,9E +09,9E +09,9E +09,9E +09]];

PROC Path_10( )

!路径程序

MoveJ pHome,v300,z30,MyTool \ WObj：= wobj0;

MoveL pA,v200,fine,MyTool \ WObj：= Wobj;

!移至 Target_100 点正上方 150 mm 处。

MoveL Target_10,v200,fine,MyTool \ WObj：= Wobj;

MoveL Target_20,v200,fine,MyTool \ WObj：= Wobj;

MoveC Target_120,Target_130,v200,fine,MyTool \ WObj：= Wobj;

MoveC Target_140,Target_150,v200,fine,MyTool \ WObj：= Wobj;

MoveL Target_50,v200,fine,MyTool \ WObj：= Wobj;

MoveL Target_60,v200,fine,MyTool \ WObj：= Wobj;

MoveL Target_70,v200,fine,MyTool \ WObj：= Wobj;

MoveC Target_80,Target_90,v200,fine,MyTool \ WObj：= Wobj;

MoveL Target_100,v200,fine,MyTool \ WObj：= Wobj;

MoveL pB,v200,fine,MyTool \ WObj：= Wobj;

!移至 Target_100 点正上方 150mm 处。

MoveL pHome,v200,fine,MyTool \ WObj：= wobj0;

ENDPROC

PROC main( )

!主程序。

Path_10;

!调用路径程序。

ENDPROC

ENDMODULE

2.5　工件坐标应用仿真

要完成图中两个工件的轨迹，可先示教完成第一个工件的轨迹，利用工件坐标完成第二个工件的轨迹，如图 2 - 82 所示，具体方法如程序所示。

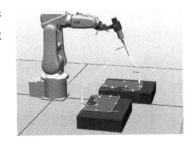

图 2 - 82　工件坐标的运用

以组合轨迹为例：

```
MODULE Module1
        PROC Path_10( )
        MoveJ pHome,v300,z30,MyTool \ WObj: = wobj0;
        MoveL pA,v200,fine,MyTool \ WObj: = Wobj1;
        MoveL Target_10,v200,fine,MyTool \ WObj: = Wobj1;
        MoveL Target_20,v200,fine,MyTool \ WObj: = Wobj1;
        MoveL Target_30,v200,fine,MyTool \ WObj: = Wobj1;
        MoveL Target_40,v200,fine,MyTool \ WObj: = Wobj1;
        MoveC Target_50,Target_60,v200,fine,MyTool \ WObj: = Wobj1;
        MoveL Target_70,v200,fine,MyTool \ WObj: = Wobj1;
        MoveC Target_80,Target_90,v200,fine,MyTool \ WObj: = Wobj1;
        MoveL Target_100,v200,fine,MyTool \ WObj: = Wobj1;
    MoveL pB,v200,fine,MyTool \ WObj: = Wobj1;
    MoveL pHome,v200,fine,MyTool \ WObj: = wobj0;
    ENDPROC
    PROC Path_20( )
        MoveJ pHome,v300,z30,MyTool \ WObj: = wobj0;
        MoveL pA,v200,fine,MyTool \ WObj: = Wobj2;
        MoveL Target_10,v200,fine,MyTool \ WObj: = Wobj2;
        MoveL Target_20,v200,fine,MyTool \ WObj: = Wobj2;
        MoveL Target_30,v200,fine,MyTool \ WObj: = Wobj2;
        MoveL Target_40,v200,fine,MyTool \ WObj: = Wobj2;
        MoveC Target_50,Target_60,v200,fine,MyTool \ WObj: = Wobj2;
        MoveL Target_70,v200,fine,MyTool \ WObj: = Wobj2;
        MoveC Target_80,Target_90,v200,fine,MyTool \ WObj: = Wobj2;
        MoveL Target_100,v200,fine,MyTool \ WObj: = Wobj2;
    MoveL pB,v200,fine,MyTool \ WObj: = Wobj2;
    MoveL pHome,v200,fine,MyTool \ WObj: = wobj0;
    ENDPROC
    PROC main( )
        Path_10;
        Path_20;
        ENDIF
    ENDPROC
ENDMODULE
```

上述程序中，第二个的轨迹 Path_20，是在第一个的基础上利用工件坐标的定义完成的，可大大减轻编程的工作量。

2.6　偏移运动指令仿真

如果工业机器人运动经过的每个目标点都去示教的话，将是一件繁琐且费时的事。如果知道目标点间的相对位置，就可以只示教其中一个目标点，用 Offs 偏移指令得到其他目标点，从而大大缩短程序调试时间，达到快速编程的目的。

以选定的目标点为基准，沿着选定工件坐标系的 X、Y、Z 轴方向偏移一定的距离。

Offs（p1，x，y，z）代表一个离 p1 点 X 轴偏差量为 x、Y 轴偏差量为 y、Z 轴偏差量为 z 的点。

例如：MoveL Offs（p10，0，0，10），v1000，z50，tool1 \ WObj：= Wobj1；

将机器人 TCP 移动至以 p10 为基准点，沿着 wobj1 的 Z 轴正方向偏移 10 mm 的位置。

实验功能和效果：仿真工作站以走正方形和偏移整个圆为例，意在提示学生 Offs 偏移指令使用形式有多种，以达到对 Offs 偏移指令的灵活运用，如图 2 - 83 所示。

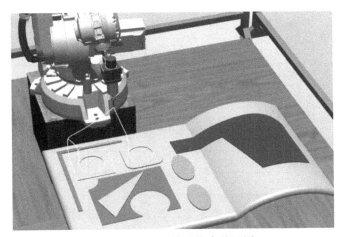

图 2 - 83　Offs 偏移指令的运用

第3章 工业机器人典型应用虚拟仿真

3.1 职业技能等级任务

工业机器人典型应用虚拟仿真实训模块共有 8 个虚拟仿真实训项目。本模块侧重于工业机器人的典型应用，解决学生在工业机器人编程高级指令的学习、编程、调试中遇到的问题，使学生提高编程技巧和方法，具备解决实际应用问题的能力，如表 3 - 1 所示；帮助学习者掌握操作、调试等基本技能，可对接工业机器人操作员岗位，可部分对接工业机器人操作与运维、工业机器人应用编程、工业机器人集成应用的初级证书与中级证书任务，如表 3 - 2 所示。职业技能等级证书所对应的职业技能要求可参阅相关的等级标准。

表 3 - 1 已建虚拟仿真资源一览表

序号	名称	三维仿真	能否编程与操作实训
1	机床上下料虚拟仿真	是	能
2	汽车从动盘装配仿真	是	能
3	机器人应用仿真平台	是	能
4	码垛应用仿真	是	能
5	弧焊应用仿真	是	能
6	搬运仿真	是	能
7	汽车车门点焊应用虚拟仿真	是	能
8	码垛工作站虚拟仿真	是	能
9	多机器人多机床柔性制造仿真系统	是	能

表 3 - 2 对接职业技能等级证书相关任务

序号	职业技能等级证书	中级工作任务	高级工作任务	备注
1	工业机器人操作与运维	①运用示教器完成工业机器人的基本操作 ②运用示教器完成工业机器人简单动作的编程	运用示教器完成典型工业机器人工作任务的编程	
2	工业机器人应用编程	①I/O 信号应用 ②机器人高级编程 ③编程仿真	工业机器人编程与调试	
3	工业机器人集成应用	①工业机器人通信模块的配置与操作 ②工业机器人典型工作任务示教编程 ③工作站虚拟仿真	典型应用工作站仿真	

3.2　搬运虚拟仿真工作站

3.2.1　机器人的搬运

搬运作业是指用一种设备握持工件，从一个加工位置移到另一个加工位置。机器人广泛应用于冲压机自动化生产线、自动装配流水线、码垛搬运、集装箱等的自动搬运。并且它还可以安装不同的夹具、末端执行器以完成各种不同形状和状态的工件搬运工作，大大减轻了人类繁重的体力劳动。

下面介绍搬运案例，首先解包文件并将它初始化，双击文件"ST_Carry. rspag"，再根据前几个项目的具体操作流程进行解压。解包后便可以看到工作环境，如图 3 - 1 所示。单击"播放"按钮便可查看其具体的动作流程。最后单击"重置"按钮进行复位。

图 3 - 1　搬运机器人和环境

完成后根据项目 7 的配置方式进行配置一个 DSQ651 通信板卡（数字量 8 进 8 出），具体的参数配置如表 3 - 3 和表 3 - 4 所示，表 3 - 4 中，Di_1 为工件从传送带到位时所输入的信号，Di_2 为中断信号，用于程序的中断操作，Do_1 为夹具夹持时所输出的信号。

表 3 - 3　Unit 单元参数

Name	Type of Unit	Connected to Bus	DeviceNet Address
Board10	D651	DeviceNet1	10

表 3 - 4　I/O 信号配置表

Name	Type of Signal	Assigned to uni	Unit mapping	信号注释
Di_1	Digital input	Board10	1	到位信号 1
Do_1	Digital output	Board10	1	夹具
Di_2	Digital input	Board10	2	中断信号

3.2.2 机器人搬运的示教点

在系统中要示教的点主要有两个，包括一个放置点和一个拾取点，如图3-2和图3-3所示，在选择点时要考虑机器人的有效工作范围，一定要在机器人的工作范围内，以避免超出范围而报警导致程序无法执行。

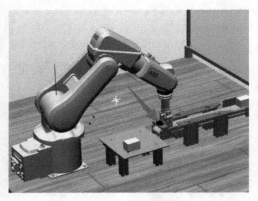

图3-2 plick 拾取点

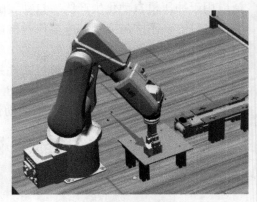

图3-3 place 放置点

3.2.3 机器人搬运的程序

程序编写

```
MODULE CalibData
    PERS tooldata ToolFrame：=［TRUE,［［0,0,150］,［1,0,0,0］］,［1,［0,0,50］,［1,0,0,0］,0,0,0］］;
    TASK PERS wobjdata Workobject _1：=［FALSE,TRUE,"",［［198.65431654, -238.166011111,
120.143906726］,［0.999974903,0.003754845, -0.003790016,0.004661486］］,［［0,0,0］,［1,0,0,0］］］;
    VAR bool left：= FALSE;
    CONST robtarget phome：=［［411.99,0.00,566.50］,［0.5,0,0.866026,0］,［0,0,0,0］,［9E +09,9E
+09,9E +09,9E +09,9E +09,9E +09］］;
    PERS robtarget ppick：=［［485.86, -93.02,123.36］,［0.00346516, -5.37989E -07,0.999994,
3.39135E -07］,［ -1,0, -1,0］,［9E +09,9E +09,9E +09,9E +09,9E +09,9E +09］］;
    CONST robtarget ppickleft：=［［485.86, -93.02,123.36］,［0.00346516, -5.37989E -07,0.999994,
3.39135E -07］,［ -1,0, -1,0］,［9E +09,9E +09,9E +09,9E +09,9E +09,9E +09］］;
    PERS robtarget pplace：=［［110.04,101.02,102.76］,［0.000324204, -0.00464859, -0.999982,
0.00377107］,［ -1,0, -1,0］,［9E +09,9E +09,9E +09,9E +09,9E +09,9E +09］］;
    TASK PERS wobjdata wobj1：=［FALSE,TRUE,"",［［198.654, -238.166,120.144］,［0.999975,
0.00375484, -0.00379002,0.00466149］］,［［0,0,0］,［1,0,0,0］］］;
    CONST robtarget pplaseleft：=［［30.04,21.02,22.76］,［0.000324204, -0.00464859, -0.999982,
0.00377107］,［ -1,0, -1,0］,［9E +09,9E +09,9E +09,9E +09,9E +09,9E +09］］;
    CONST robtarget phome2：=［［378.18,1.01,318.11］,［0.00905058, -0.0638523, -0.997916, -
0.00221691］,［0,0,0,0］,［9E +09,9E +09,9E +09,9E +09,9E +09,9E +09］］;
    PROC Main( )
!主程序
```

```
            rInitAll;
!调用初始化程序
            WHILE TRUE DO
    !利用程序 WHILE 将初始化程序隔开
            IF di_1 = 1 AND left = FALSE THEN
                rLocation;
!计算位置程序,将放置位置赋值,以便摆放
                MoveJ Offs(ppick,0,0,80), v1000, fine, ToolFrame \ WObj: = wobj0;
!利用 Movej 移动到拾取点正上方 Z 轴正方向 80mm 处
                MoveL ppick, v1000, fine, ToolFrame \ WObj: = wobj0;
!利用 MoveL 移动到拾取点
                Set do_1;
!置位夹紧信号, 使其夹住工件
                WaitTime 1;
!等待夹取时间
                MoveL Offs(ppick,0,0,80), v1000, fine, ToolFrame \ WObj: = wobj0;
!利用 MoveL 移动到拾取点正上方
                MoveJ Offs(pplace,0,0,80), v1000, fine, ToolFrame \ WObj: = wobj1;
!利用 MoveL 移动到放置点正上方
                MoveL pplace, v1000, fine, ToolFrame \ WObj: = wobj1;
!利用 MoveL 移动到放置点
                Reset do_1;
!复位夹取信号, 使其松开
                WaitTime 0.5;
!放置等待时间
                MoveL Offs(pplace,0,0,80), v1000, fine, ToolFrame \ WObj: = wobj1;
!利用 MoveL 移动到放置点正上方
                MoveJ phome2, v1000, fine, ToolFrame \ WObj: = wobj0;
                rCount;
!计算位置程序
            ENDIF
            ENDWHILE
    ENDPROC
    PROC rInitAll( )
!初始化程序
        AccSet 50, 80;
!加速度控制指令
        VelSet 50, 1000;
!速度控制指令执行此程序运行的最大速度是 1000mm/s
        Reset do_1;
!复位抓取信号
```

```
        left：= FALSE；
            reg2：= 1；
!将计算数值赋值为1
            MoveJ phome, v1000, fine , ToolFrame；
!机器人位置初始化，将其移动到 pHome 点
IDelete iEmpty
!清除中断标识符 iEmpty 的连接
CONNECT iEmpty WITH tEjectPallet；
!将中断标识符 iEmpty 与中断程序连接 tEjectPallet；
ISingnalDI di_2,1, iEmpty；
!用信号 di_2 关联中断标识符
    ENDPROC
    PROCrCount( )
!计算程序
            reg2：= reg2 + 1；
!将其进行加1计算，进行放置计数
            IF reg2    > 12THEN
                left ：= TRUE；
                reg2 ：= 1；
            ENDIF
!判断所有的位置是否放满
    ENDPROC
TRAP tEjectPallet
!中断程序
left ：= FALSE；
!中断程序触发时执行该程序使码垛盘满载信号复位
ENDTRAP
    PROC rLocation( )
!计算位置程序，将放置位置赋值，以便摆放
        IF di_1  = 1 AND left = FALSE THEN
            ppick ：= ppickleft；
!赋值拾取点
            pplace ：= pplaseleft；
!赋值放置点
wobj1 ：= Workobject_1；
!赋值坐标系
            TEST reg2
            CASE 1：
            pplace ：= pplaseleft；
            CASE 2：
            pplace ：= Offs( pplace,80,0,0)；
```

在 ABB 的编程程序里面有三种模式，即程序、功能、中断。这三种程序适用于不同的工作环境需求。

```
        CASE 3：
        pplace ：= Offs( pplace,0,80,0);
        CASE 4：
        pplace ：= Offs( pplace,80,80,0);
        CASE 5：
        pplace ：= Offs( pplace,0,0,40);
        CASE 6：
        pplace ：= Offs( pplace,80,0,40);
        CASE 7：
        pplace ：= Offs( pplace,0,80,40);
        CASE 8：
        pplace ：= Offs( pplace,80,80,40);
        CASE 9：
        pplace ：= Offs( pplace,0,0,80);
        CASE 10：
        pplace ：= Offs( pplace,80,0,80);
        CASE 11：
        pplace ：= Offs( pplace,0,80,80);
        CASE 12：
        pplace ：= Offs( pplace,80,80,80);
      ENDTEST
    ENDIF
    !计算位置 1 - 12 并赋值。
  ENDPROC
ENDMODULE
```

3.3　码垛应用

3.3.1　机器人的码垛

　　码垛是物流自动化技术领域的一门新兴技术，码垛要求将袋装、箱体等对象按照一定模式和次序码放在托盘上，以实现物料的搬运、存储、装卸、运输等物流活动。目前码垛作业中袋装或箱体的码放方式主要有以下几种，如图 3 - 4 所示。

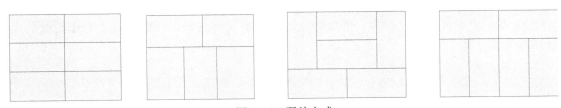

图 3 - 4　码放方式

解压打包文件并初始化，双击压缩文件"ST_Palletize. rspag"，再根据前几个项目的具体操作流程进行解压。解压后便可以看到工作环境如图 3 – 5 所示。单击"播放"按钮便可查看其具体的动作流程。最后单击"重置"按钮进行复位。

图 3 – 5　码垛环境

完成后根据项目 7 的配置方式配置一个 DSQ651 通信板卡，具体的参数配置如表 3 – 3 和表 3 – 5 所示。I/O 信号配置表中，Di_1 为工件从右传送带到位时所输入的信号，Di_2 为工件从左传送带到位时所输入的信号，Do_1 为夹具夹持工件时所输出的信号。

表 3 – 5　I/O 信号配置表

Name	Type of Signal	Assigned to uni	Unit mapping	信号注释
Di_1	Digital input	Board10	1	到位信号 1
Di_2	Digital input	Board10	2	到位信号 2
Do_1	Digital output	Board10	1	夹具

3.3.2　机器人码垛目标点的示教

在系统中要示教的点主要有 4 个，包括两个放置点和两个拾取点（图 3 – 6 ～图 3 – 9），拾取点是固定的，因为它是由固定的传感器所检测的，而放置点主要跟设置的坐标系与位置计算有关。

图 3 - 6　pick 拾取点 1

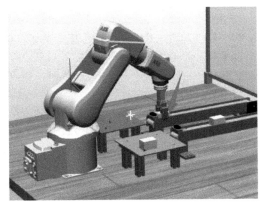

图 3 - 7　pick 拾取点 2

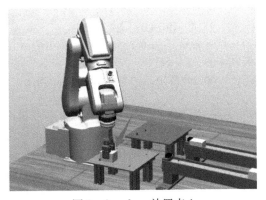

图 3 - 8　place 放置点 1

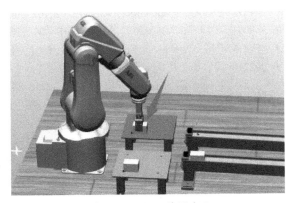

图 3 - 9　place 放置点 2

3.3.3　机器人码垛的程序

```
MODULE CalibData
    PERS tooldata ToolFrame: = [TRUE,[[0,0,150],[1,0,0,0]],[1,[0,0,50],[1,0,0,0],0,0,0]];
    TASK PERS wobjdata Workobject_1: = [FALSE,TRUE,"",[[198.65431654, -238.166011111,
120.143906726],[0.999974903,0.003754845, -0.003790016,0.004661486]],[[0,0,0],[1,0,0,0]]];
    TASK PERS wobjdata Workobject_2: = [FALSE,TRUE,"",[[191.782947815,87.718410501,
120.137065001],[0.999989885,0.003776897,0.000500906,0.002390262]],[[0,0,0],[1,0,0,0]]];
    TASK PERS wobjdata Workobject_3: = [FALSE,TRUE,"",[[198.654, -238.166,16 0.144],
[0.999975,0.00375484, -0.00379002,0.00466149]],[[0,0,0],[1,0,0,0]]];
    VAR bool left: = FALSE;
    VAR bool right: = FALSE;
    CONST robtarget phome: = [[411.99,0.00,566.50],[0.5,0,0.866026,0],[0,0,0,0],[9E +09,9E
+09,9E +09,9E +09,9E +09,9E +09]];
    PERS robtarget ppick: = [[475.92,101.56,123.36],[0.00346572, -6.18631E -07,0.999994,
6.54809E -07],[0, -1,0,0],[9E +09,9E +09,9E +09,9E +09,9E +09,9E +09]];
```

```
    CONST robtarget ppickleft：=［［485. 86，-93. 02，123. 36］，［0. 00346516，-5. 37989E-07,0. 999994,
3. 39135E-07］，［-1,0,-1,0］，［9E+09,9E+09,9E+09,9E+09,9E+09,9E+09］］;
    PERS robtarget pplace：=［［72. 1232，90. 3582，22. 8195］，［0. 00548168，0. 708775，0. 705413,
0. 000128736］，［0，-1,0,0］，［9E+09,9E+09,9E+09,9E+09,9E+09,9E+09］］;
    CONST robtarget pplace10：=［［353. 03，-115. 17,320. 09］，［0. 0243489，-1. 83706E-07,0. 999704,
-1. 89349E-07］，［-1,0,-1,0］，［9E+09,9E+09,9E+09,9E+09,9E+09,9E+09］］;
    TASK PERS wobjdata wobj1：=［FALSE，TRUE，""，［191. 783，87. 7184，120. 137］，［0. 99999,
0. 0037769,0. 000500906,0. 00239026］］，［［0,0,0］，［1,0,0,0］］］;
    CONST robtarget pplaseleft：=［［30. 04，21. 02，22. 76］，［0. 000324204，-0. 00464859，-0. 999982,
0. 00377107］，［-1,0,-1,0］，［9E+09,9E+09,9E+09,9E+09,9E+09,9E+09］］;
    CONST robtarget pplaseright：=［［31. 79，20. 55，23. 03］，［0. 00396716，0. 00237699，0. 999982，-
0. 0037851］，［0，-1,0,0］，［9E+09,9E+09,9E+09,9E+09,9E+09,9E+09］］;
    CONST robtarget ppickright：=［［475. 92，101. 56，123. 36］，［0. 00346572，-6. 18631E-07,0. 999994,
6. 54809E-07］，［0，-1,0,0］，［9E+09,9E+09,9E+09,9E+09,9E+09,9E+09］］;
    CONST robtarget phome2：=［［378. 18,1. 01，318. 11］，［0. 00905058，-0. 0638523，-0. 997916，-
0. 00221691］，［0,0,0,0］，［9E+09,9E+09,9E+09,9E+09,9E+09,9E+09］］;
    CONST robtarget phome3：=［［593. 89，-250. 84,98. 26］，［0. 00724712,0，-0. 999974,0］，［0,0,0,
0］，［9E+09,9E+09,9E+09,9E+09,9E+09,9E+09］］;
    VAR clock shijian;
    VAR num shijiang1：=0;
    TASK PERS wobjdata Workobject_4：=［FALSE，TRUE，""，［191. 783,87. 7184,160. 137］，［0. 99999,
0. 0037769,0. 000500906,0. 00239026］］，［［0,0,0］，［1,0,0,0］］］;
    TASK PERS wobjdata Workobject _ 5：=［FALSE，TRUE，""，［198. 654，-238. 166,200. 144］，
［0. 999975,0. 00375484，-0. 00379002,0. 00466149］］，［［0,0,0］，［1,0,0,0］］］;
    TASK PERS wobjdata Workobject_6：=［FALSE，TRUE，""，［191. 783,87. 7184,200. 137］，［0. 99999,
0. 0037769,0. 000500906,0. 00239026］］，［［0,0,0］，［1,0,0,0］］］;
    PROC Main( )
!主程序
        rInitAll;
!调用初始化程序
        WHILE TRUE DO
!利用程序 WHILE 将初始化程序隔开
            IF（di_1 = 1 AND left = FALSE）OR（di_2 = 1 AND right = FALSE）THEN
                ClkReset clock1;
!复位时间
                ClkStart clock1;
!开始计时
                rLocation ;
                MoveJ Offs（ppick,0,0,80），v1000，fine，ToolFrame \ WObj：=wobj0;
!利用 Movej 移动到拾取点正上方 Z 轴正方向80mm 处
                MoveL ppick，v1000，fine ，ToolFrame \ WObj：=wobj0;
!利用 Movej 移动到拾取点
                Set do_1;
```

!置位夹紧信号,使其夹住工件
```
            WaitTime 1;
```
!等待夹取时间
```
            MoveL Offs(ppick,0,0,80), v1000, fine, ToolFrame \ WObj: = wobj0; !利用 MoveL 移动
```
到拾取点正上方 Z 轴正方向80mm 处
```
            MoveJ Offs(pplace,0,0,80), v1000, fine, ToolFrame \ WObj: = wobj1;
```
!利用 Movej 移动到放置点正上方
```
            MoveL pplace, v1000, fine , ToolFrame \ WObj: = wobj1;
```
!利用 MoveL 移动到放置点
```
            Reset do_1;
```
!复位夹取信号,使其松开
```
            WaitTime 0.5;
```
!放置等待时间
```
            MoveL Offs(pplace,0,0,80), v1000, fine, ToolFrame \ WObj: = wobj1;
```
!利用 Movej 移动到放置点正上方
```
            MoveJ phome2, v1000, fine, ToolFrame \ WObj: = wobj0;
            ClkStop clock1;
```
!停止计时
```
            shijiang1 : = ClkRead(clock1);
```
!读取时钟值
```
            rCount;
        ENDIF
        WaitTime 0.2;
```
!调用循环等待时间,防止在不满足机器人的动作情况下程序扫描过快,造成 cpu 过负载
```
            rWrite;
        ENDWHILE
    ENDPROC
    PROC rInitAll( )
```
!初始化程序
```
        AccSet 50, 80;
```
!加速度控制指令
```
        VelSet 50, 1000
```
!速度控制指令执行此程序运行的最大速度是1000mm/s;
```
        Reset do_1;
```
!复位抓取信号
```
        left : = FALSE;
        right : = FALSE;
        reg1 : = 1;
        reg2 : = 1;
        reg4 : = 1;
        reg5 : = 1;
```
!初始化计算的数据
```
        MoveJ phome, v1000, fine , ToolFrame;
```

```
!机器人位置初始化,将其移动到 pHome 点
    ENDPROC
    PROC rCount( )
!计算程序
        TEST reg3
        CASE 1 :
        reg1 : = reg1 + 1;
!码垛盘总数计算
        IF reg1 = 6 THEN
            reg4 : = reg4 + 1;
            reg1 : = 1;
        ENDIF
!判断层数,并进行坐标赋值计算
        IF reg4 > 3 THEN
            left : = TRUE;
            reg1 : = 1;
        ENDIF
!判断是否放满
    CASE 2:
        reg2 : = reg2 + 1;
!码垛盘总数计算
        IF reg2 = 6 THEN
            reg5 : = reg5 + 1;
            reg2 : = 1;
        ENDIF
!判断层数,并进行坐标赋值计算
        IF reg5 > 3 THEN
            right : = TRUE;
            reg2 : = 1;
        ENDIF
!判断是否放满
        ENDTEST
  ENDPROC
  PROC rLocation( )
        IF di_1 = 1 AND left = FALSE THEN
            ppick : = ppickleft;
!左边的拾取点可变量赋值
            pplace : = pplaseleft;
!左边的放置点可变量赋值
        TEST reg4
        CASE 1 :
            wobj1 : = Workobject_1;
!左边的放置第一层坐标系(这里采用多重坐标赋值法,仅为一种教学编程案例,并非工业运用)
```

```
        CASE 2：
             wobj1 ：= Workobject_3；
!左边的放置第二层坐标系
        CASE 3：
             wobj1 ：= Workobject_5；
!左边的放置第三层坐标系
        ENDTEST
        reg3 ：= 1；
        TEST reg1
        CASE 1：
             pplace ：= pplaseleft；
  !第一点为示教点
        CASE 2：
             pplace ：= Offs( pplace，80，0，0)；
!第二点为示教点向 X 轴偏移80mm
        CASE 3：
             pplace ：= RelTool( pplace，10，70，0 \ Rz：=90)；
!机器人 tcp 移动到 pplace 为基准，X 轴偏移 10，Y 轴偏移 70，沿 tool 的 Z 轴旋转 90 度
        CASE 4：
             pplace ：= RelTool( pplace，−40，70，0 \ Rz：=90)；
! 机器人 tcp 移动到 pplace 为基准，X 轴偏移 1−40，Y 轴偏移 70，沿 tool 的 Z 轴旋转 90 度
        CASE 5：
             pplace ：= RelTool( pplace，−90，70，0 \ Rz：=90)；
! 机器人 tcp 移动到 pplace 为基准，X 轴偏移 −90，Y 轴移 70，沿 tool 的 Z 轴旋转 90 度
        ENDTEST
        ENDIF
        IF di_2 = 1 AND right = FALSE THEN
             ppick ：= ppickright；
!右边的拾取点可变量赋值
             pplace ：= pplaseright；
!右边的放置点可变量赋值
        TEST reg5
        CASE 1：
             wobj1 ：= Workobject_2；
!右边的放置第一层坐标系
        CASE 2：
             wobj1 ：= Workobject_4；
!右边的放置第二层坐标系
        CASE 3：
             wobj1 ：= Workobject_6；
!右边的放置第三层坐标系
        ENDTEST
        reg3 ：= 2；
```

```
            TEST reg2
            CASE 1：
                 pplace ：= pplaseright；
!第一点为示教点
            CASE 2：
                 pplace ：= Offs(pplace,80,0,0)；
!第二点为示教点向 X 轴偏移80mm
            CASE 3：
                 pplace ：= RelTool(pplace,10,70,0 \ Rz：=90)；
!机器人 tcp 移动到 pplace10 为基准，X 轴偏移 10，Y 轴偏移 70，沿 tool 的 Z 轴旋转 90 度
            CASE 4：
                 pplace ：= RelTool(pplace, -40,70,0 \ Rz：=90)；
!机器人 tcp 移动到 pplace10 为基准，X 轴偏移 -40，Y 轴偏移 70，沿 tool 的 Y 轴旋转 90 度
            CASE 5：
                 pplace ：= RelTool(pplace, -90,70,0 \ Rz：=90)；
!机器人 tcp 移动到 pplace10 为基准，X 轴偏移 -90，Y 轴偏移 70，沿 tool 的 Z 轴旋转 90 度
            ENDTEST
        ENDIF
    ENDPROC
    PROC rWrite( )
!写屏程序
            TPErase；
!示教器清屏
            TPWrite "running"；
!显示运行
            TPWrite "shijiangshi" \ Num：= shijiang1；
!运行时间写屏
            TPWrite "left" \ Num：= reg1；
            TPWrite "right" \ Num：= reg2；
!左右放满写屏
    ENDPROC
    PROC rModPos( )
!示教程序,主要用于示教目标点
            MoveJ ppickleft, v1000, z50, ToolFrame \ WObj：= wobj0；
            MoveJ ppickright, v1000, z50, ToolFrame \ WObj：= wobj0；
            MoveJ pplaseright, v1000, z50, ToolFrame \ WObj：= Workobject_2；
            MoveJ pplaseleft, v1000, z50, ToolFrame \ WObj：= Workobject_1；
            MoveJ phome, v1000, z50, ToolFrame \ WObj：= wobj0；
    ENDPROC
ENDMODULE
```

3.4　机床上下料虚拟仿真系统

本项目介绍的多机器人柔性制造生产线仿真系统由上下料工业机器人、仓储机器人、可编程控制器（PLC）、数控机床（CNC）、翻转夹具、输送线、供料站、仓储站和其他周边设备组成，具体工作环境如图 3 – 10 所示。生产线以 PLC 为控制核心，通过 PLC 连接外围设备，建立设备间通信及管理，实现机器人在数控机床和输送线之间的上下料、转运和仓储。

上下料工业机器人和仓储机器人都选用 ABB IRB1410 机器人，其精度高、操作速度快，适合上下料、物料搬运等领域。添加了专门的气动末端执行器，可为数控机床自动抓取、上下料、工件转序和仓储。

供料站可提供 9 个粗加工工件，每个工件下方安装有光电传感器，便于检测工件的有无和机器人的抓取。供料站装有气动翻转夹具，方便调整工件的位置和姿态，翻转夹具上安装有工件检测传感器。

多机器人柔性制造生产线仿真系统工作流程为：上下料机器人先抓取一个粗加工工件，放入机床进行精加工，加工好一端后，机器人取下工件，放到工件翻转台上，工件翻转，机器人从翻转台抓取工件，放入机床精加工另一端，加工完毕后，机器人抓取加工完毕的工件放到输送线指定位置，光电传感器检测到工件到位，启动输送线传输到指定位置，输送线另一端的光电传感器检测工件到位，启动仓储机器人搬运到指定位置。整个工作站能实行机器人、机床、输送线相互通信，并有强制互锁程序，以确保机器人与其他设备之间不会发生任何碰撞。

下面解压打包文件并初始化，双击压缩文件"ST_ProductionLn.rspag"解包。解包后单击"播放"按钮便可查看其具体的动作流程，工作站如图 3 – 10 所示。最后单击"重置"按钮进行复位。

图 3 – 10　机器人与数控机床的上下料教学系统仿真概况

3.4.1　机器人上下料目标点的示教

工业机器人机床上下料装置是将待加工工件送到机床上的加工位置和将已加工工件从

加工位置取下的工业机器人全自动机械装置，又称工业机器人工件自动装卸装置。大部分机床上下料装置的下料机构比较简单，或上料机构兼有下料功能，所以机床的上下料装置也常被简称为上料装置。应用工业机器人的显著优点是节拍快、精准，且如果使用多功能夹具进行装夹时可实现多种不同的加工效果，机床加设机器人上下料装置后，可使加工循环连续自动进行，成为自动机床。机床上下料装置用于效率高、机动时间短、工件装卸频繁的半自动机床，能显著地提高生产效率和减轻体力劳动。机床上下料装置也是组成自动生产线必不可少的辅助装置。

本项目机器人机床上下料需示教的点数共有 14 个，具体为 9 个待加工工件放置位置点（图 3－11），1 个机床放置点（图 3－12）、1 个旋转放置点（图 3－13），1 个传送带放置点（图 3－14）以及 2 个过渡点。9 个放置点同样装有传感器进行位置判断，旋转点主要是为了模拟工具与工件之间的换夹，1 个过渡点是为了满足姿态的要求。

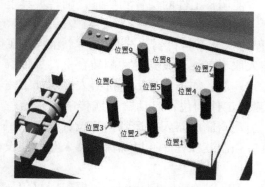

图 3－11　原料工件盘位置

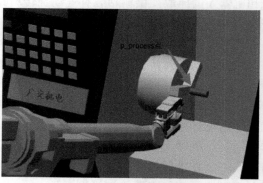

图 3－12　机床放置点位置

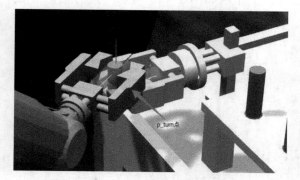

图 3－13　工件旋转点

图 3－14　传送带放置点位置

3.4.2　机器人上下料 I/O 信号

在虚拟示教器或在离线中进行系统的 I/O 配置，完成后根据项目 7 的配置方式，配置一个 DSQ651 通信板卡，具体的参数配置如表 3－1 和表 3－6 所示，I/O 信号配置表中，di11_Conveyor 为工件从传送带到位时所输入的信号，Di10_Clamped_2 为夹具松开工件完成时所输入的信号。机器人 Do00_ClampAct_2 为夹具夹持工件完成时所输出的信号。码垛盘 Do00_ClampAct_3 为夹具夹持工件完成时所输出的信号，其他 9 个光电信号为码垛盘上

9 个位置的信号。di11_DoorOpen 为机床打开完成时所输入的信号。Di12_Turned 为码垛盘夹具旋转时所输入的信号。Di13_processed 为机床加工完成时所输入的信号。Do03_DoorClose 为机床关闭时所输出的信号。Do02_Turning 为码垛盘旋转完成时所输出的信号。

表 3 - 6　机床上下料工作站 I/O 信号参数表

序号	信号名称	含义	单元映射	类型
1	Di10_Clamped_2	夹具松开	10	输入
2	di11_DoorOpen	机床门打开	11	输入
3	DI_1 ～ DI_9	光电开关	1 ～ 9	输入
4	Di12_Turned	旋转夹具	12	输入
5	Di13_processed	机床卡盘	13	输入
6	Do03_DoorClose	机床门关闭	3	输出
7	Do02_Turning	旋转完成	2	输出
8	do01_ClampAct_3	夹具夹紧	1	输出
9	do00_ClampAct_2	夹具夹紧	0	输出

3.4.3　机器人机床上下料程序

```
MODULE MainModule
VAR robtarget p_pick: = [[83.87,65.91, - 83.22],[0.560691, - 0.448712,0.535871,0.443989],[ -1,
-1,0,0],[9E +09,9E +09,9E +09,9E +09,9E +09,9E +09]];
    CONST robtarget p_pick11: = [[71.21,83.14,83.74],[0.00545746, - 0.712714, - 0.027376,
-0.700899],[ -1,0, -1,0],[9E +09,9E +09,9E +09,9E +09,9E +09,9E +09]];
    CONST robtarget p_process: = [[1499.04, - 98.24,811.99],[0.501646, - 0.498339,0.497249,
-0.502745],[ -1, -1,1,0],[9E +09,9E +09,9E +09,9E +09,9E +09,9E +09]];
    CONST robtarget p_turn: = [[ - 113.29,539.23,27.08],[0.203061, - 0.683258, - 0.220473,
-0.66582],[ -1,0, -1,0],[9E +09,9E +09,9E +09,9E +09,9E +09,9E +09]];
    CONST robtarget p_conveyor_R: = [[623.97,843.22,516.37],[0.389352, - 0.590612, - 0.390183,
-0.589356],[0, -1,0,0],[9E +09,9E +09,9E +09,9E +09,9E +09,9E +09]];
    CONST robtarget p_home: = [[806.62, - 7.86,1099.86],[0.00344416,0.707851, - 0.0034508,
0.706345],[ -1, -1,0,0],[9E +09,9E +09,9E +09,9E +09,9E +09,9E +09]];
    !需要示教的目标点数据,第一个抓取点 p_pick11,加工点 p_process,翻转点 p_turn,传送带右边
放置点 p_conveyor_R 以及 HOME 点 p_home
    CONST speeddata vLoadMax: = [1000,300,5000,1000];
    CONST speeddata vLoadMin: = [500,200,5000,1000];
```

```
        CONST speeddata vEmptyMin：=［800，200，5000，1000］；
        CONST speeddata vEmptyMax：=［2000，500，5000，1000］；
        !速度数据，根据实际需求定义多种速度数据，以便于控制机器人各动作的速度
        TASK PERS loaddata loadFull：=［1，［0，0，55］，［1，0，0，0］，0，0，0］；
        PROC main( )
            rInitAll；
            !调用初始化程序
            WHILE TRUE DO
            !利用 WHILE 循环，将初始化程序隔开，即只在第一次运行时需要执行一次初始化程序，之
后循环执行计算加工程序
                rCalPosition；
                !调用计算抓取位置程序
                rProcess；
                !调用加工程序
            ENDWHILE
        ENDPROC
        PROC rInitAll( )
        !初始化程序
            ConfJ \ Off；
            ConfL \ Off；
            !关闭轴配置监控
            AccSet 100，80；
            !定义最高加速度
            VelSet 100，2000；
            !定义最高速度
            Reset do00_ClampAct_2；
!初始化夹具2的状态
            Reset do01_ClampAct_3；
!初始化夹具3的状态
            Reset do02_Turning；
!初始化夹具3的状态
            Reset do03_DoorClose；
            !初始化机床的状态
            MoveJ p_home，vEmptyMax，fine，tGripper \ WObj：= wobj0；
            !让机器人回到 home 点
        ENDPROC
        PROC rProcess( )
        !加工程序
            MoveJ Offs( p_pick，0，0，150)，vEmptyMax，z50，tGripper \ WObj：= WObj_Pick；
!!移至抓取位置正上方
            MoveL p_pick，vEmptyMin，fine，tGripper \ WObj：= WObj_Pick；
!移至抓取位置
            Set do00_ClampAct_2；
```

```
!置位夹具2夹紧信号,夹取产品
        WaitDI di10_Clamped_2, 1;
        !等待夹具2夹紧反馈信号
        GripLoad loadFull;
!加载载荷数据
        MoveL Offs(p_pick,0,0,150), vLoadMin, z50, tGripper \ WObj: = WObj_Pick;
!垂直向上提升产品
        MoveJ Offs(p_process, - 700, - 40,0), vLoadMax, z50, tGripper \ WObj: = wobj0;
!将产品移至机床前
        MoveL Offs(p_process,0, - 40,0), vLoadMax, z10, tGripper \ WObj: = wobj0;
!将产品移至卡盘前
        MoveL p_process, vLoadMin, fine, tGripper \ WObj: = wobj0;
!将产品插入卡盘
        Reset do00_ClampAct_2;
!复位夹具2,即松开夹具2,释放产品
        WaitDI di10_Clamped_2, 0;
!等待夹具2松开好的反馈信号
        GripLoad load0;
!加载载荷数据
        MoveJ Offs(p_process, - 700, - 40,0), vEmptyMax, fine, tGripper \ WObj: = wobj0;
!将机器人移回机床前等待
        Set do03_DoorClose;
!置位机床门,将机床门关上,机床自动加工
        WaitDI di13_Processed, 1;
!等待机床加工好的信号
        Reset do03_DoorClose;
!复位机床门,将机床门打开
        WaitDI di11_DoorOpen, 1;
!等待机床门打开到位信号
        MoveL p_process, vEmptyMin, fine, tGripper \ WObj: = wobj0;
!将机器人移至卡盘前
        Set do00_ClampAct_2;
!置位夹具2,夹取产品
        WaitDI di10_Clamped_2, 1;
!等待夹具夹好信号
        GripLoad loadFull;
!加载载荷数据
        MoveL Offs(p_process,0, - 40,0), vLoadMin, z10, tGripper \ WObj: = wobj0;
!拔出产品
        MoveJ Offs(p_process, - 700, - 40,0), vLoadMax, z50, tGripper \ WObj: = wobj0;
!将产品移出机床
        MoveJ Offs(p_turn,0,0,150), vLoadMax, z30, tGripper \ WObj: = WObj_Pick;
```

!将产品移至翻转夹具3上方
   MoveL p_turn, vLoadMin, fine, tGripper \ WObj: = WObj_Pick;
!将产品移到翻转夹具 3 中, 即翻转点上
   Set do01_ClampAct_3;
!置位夹具3, 夹紧产品
   WaitTime 0.3;
!预留夹具 3 夹紧时间, 以保证夹具将产品夹紧
   Reset do00_ClampAct_2;
! 复位夹具2, 即松开夹具2
   WaitDI di10_Clamped_2, 0;
!等待夹具2松开到位信号
   MoveL Offs(p_turn,0,0,150), vEmptyMin, fine, tGripper \ WObj: = WObj_Pick;
!向上移开机器人
   Set do02_Turning;
!置位夹具 3 的翻转信号, 翻转产品
   WaitDI di12_Turned, 1;
!等待翻转好的信号
   MoveL p_turn, vLoadMin, fine, tGripper \ WObj: = WObj_Pick;
!将机器人移回夹具 3 上
   Set do00_ClampAct_2;
!置位夹具2, 夹回产品
   WaitDI di10_Clamped_2, 1;
! 等待夹具2夹紧信号
   GripLoad loadFull;
!加载载荷数据
   Reset do01_ClampAct_3;
!复位夹具3, 松开产品
   WaitTime 0.3;
!预留夹具3松开时间, 以保证夹具将产品完全松开
   MoveL Offs(p_turn,0,0,150), vLoadMin, z30, tGripper \ WObj: = WObj_Pick;
!垂直向上将产品移离夹具3
   MoveJ Offs(p_process, - 700, - 40,0), vLoadMax, z50, tGripper \ WObj: = wobj0;
!将产品移至机床前
   Reset do02_Turning;
!复位夹具3的翻转信号, 让夹具3翻转回去
   MoveL Offs(p_process,0, - 40,0), vLoadMax, z10, tGripper \ WObj: = wobj0;
!将产品移至卡盘前
   MoveL p_process, vLoadMin, fine, tGripper \ WObj: = wobj0;
!将产品插入卡盘
   Reset do00_ClampAct_2;
!复位夹具2, 松开夹具2, 释放产品
   WaitDI di10_Clamped_2, 0;
!等待夹具2松开好的反馈信号

```
        GripLoad load0;
!加载载荷数据
        MoveJ Offs(p_process, -700, -40,0), vEmptyMax, fine, tGripper \ WObj: = wobj0;
!将机器人移回机床前等待
        Set do03_DoorClose;
!置位机床门,将机床门关上,机床自动加工
        WaitDI di13_Processed, 1;
!等待机床加工好的信号
        Reset do03_DoorClose;
!复位机床门,将机床门打开
        WaitDI di11_DoorOpen, 1;
!等待机床门打开到位信号
        MoveL p_process, vEmptyMin, fine, tGripper \ WObj: = wobj0;
!将机器人移至卡盘前
        Set do00_ClampAct_2;
!置位夹具2,夹取产品
        WaitDI di10_Clamped_2, 1;
!等待夹具夹好信号
        GripLoad loadFull;
!加载载荷数据
        MoveL Offs(p_process,0, -40,0), vLoadMin, z10, tGripper \ WObj: = wobj0;
!拔出产品
        MoveJ Offs(p_process, -700, -40,0), vLoadMax, z50, tGripper \ WObj: = wobj0;
!将产品移出机床
        MoveJ Offs(p_conveyor_R,0,0,120), vLoadMax, z50, tGripper \ WObj: = wobj0;
!将产品移至传送带右边的放置点上方
        MoveL p_conveyor_R, vLoadMin, fine, tGripper \ WObj: = wobj0;
!将产品移至传送带右边的放置点上
        Reset do00_ClampAct_2;
!置位夹具2,即松开夹具,放置产品
        WaitDI di10_Clamped_2, 0;
!等待夹具2松好信号
        GripLoad load0;
!加载载荷数据
        MoveL Offs(p_conveyor_R,0,0,120), vEmptyMin, z50, tGripper \ WObj: = wobj0;
!垂直向上将机器人移走
        MoveJ p_pro_con_2, vEmptyMax, z50, tGripper;
!将机器人移至过渡点2
        MoveJ p_home, vEmptyMax, fine, tGripper;
!让机器人回到 home 点上
    ENDPROC
    PROC rCalPosition( )
```

```
!计算抓取位置程序
IF DI_1 = 1 THEN
    p_pick := p_pick11;
ELSEIF DI_1 = 0 AND DI_2 = 1 THEN
    p_pick := Offs(p_pick11,0,120,0);
ELSEIF DI_1 = 0 AND DI_2 = 0 AND DI_3 = 1 THEN
    p_pick := Offs(p_pick11,0,240,0);
ELSEIF DI_1 = 0 AND DI_2 = 0 AND DI_3 = 0 AND DI_4 =
1 THEN
    p_pick := Offs(p_pick11,120,0,0);
ELSEIF DI_1 = 0 AND DI_2 = 0 AND DI_3 = 0 AND DI_4 = 0 AND DI_5 = 1 THEN
    p_pick := Offs(p_pick11,120,120,0);
ELSEIF DI_1 = 0 AND DI_2 = 0 AND DI_3 = 0 AND DI_4 = 0 AND DI_5 = 0 AND DI_6 = 1 THEN
    p_pick := Offs(p_pick11,120,240,0);
ELSEIF DI_1 = 0 AND DI_2 = 0 AND DI_3 = 0 AND DI_4 = 0 AND DI_5 = 0 AND DI_6 = 0 AND DI_
7 = 1 THEN
    p_pick := Offs(p_pick11,240,0,0);
ELSEIF DI_1 = 0 AND DI_2 = 0 AND DI_3 = 0 AND DI_4 = 0 AND DI_5 = 0 AND DI_6 = 0 AND DI_
7 = 0 AND DI_8 = 1 THEN
    p_pick := Offs(p_pick11,240,120,0);
ELSEIF DI_1 = 0 AND DI_2 = 0 AND DI_3 = 0 AND DI_4 = 0 AND DI_5 = 0 AND DI_6 = 0 AND DI_
7 = 0 AND DI_8 = 0 AND DI_9 = 1 THEN
    p_pick := Offs(p_pick11,240,240,0);
ELSE
    STOP;
ENDIF
!利用IF判断右边架子上产品的状态，对抓取的进行赋值
    ENDPROC
ENDMODULE
```

> 在机器人经过奇点或是难以通过的点时可以通过设置过渡点的方式来达到工业上的要求。

3.4.4　机器人仓储站的示教

机器人仓储工作站要示教的点主要有 10 个，其中包括 9 个放置点和 1 个拾取点，由于放置的码垛盘上装有 9 个传感器，如图 3 – 15 所示，所以不能进行直接的码垛放置，而是应该对其进行判断后才进行放置，之所以要用如此多的传感器，主要是因为要进行一些特殊的工业技术要求。

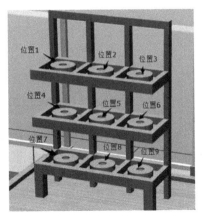

图 3 - 15　机器人仓储点位置

传送带运送来的原料是由传感器进行自动检测的，用圆柱体的托盘主要是为了将原料进行位置上的固定，使拾取点变得精确，如图 3 - 16 所示。

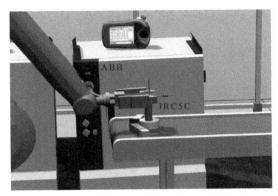

图 3 - 16　机器人仓储站拾取点示教位置

3.4.5　配置仓储站信号

在虚拟示教器或在离线中进行系统的 I/O 配置，完成后根据项目 7 的配置方式进行配置一个 DSQ651 通信板卡，具体的参数配置如表 3 - 3 和表 3 - 7 所示，I/O 信号配置表中，di11_Conveyor 为工件从传送带到位时所输入的信号，Di10_Clamped_1 为夹具松开工件完成时所输入的信号。Do00_ClampAct_1 为夹具夹持工件完成时所输出的信号。其他 9 个光电信号为码垛盘上 9 个位置的信号。

表 3 - 7　仓储工作站 I/O 信号参数表

序号	信号名称	含义	单元映射	类型
1	Di10_Clamped_1	夹具松开	10	输入
2	di11_Conveyor	到达	11	输入
3	DI_1 ～ DI_9	光电开关 1 ～ 9	1	输入
4	Do00_ClampAct_1	夹具	0	输出

3.4.6 机器人仓储站程序

```
MODULE Module1
    CONST robtarget pHome：=[[601.947666373,0,1065.001177602],[0,0.866025206,0,
0.500000342],[0,0,0,0],[9E9,9E9,9E9,9E9,9E9,9E9]];
    CONST robtarget pPick：=[[131.552211144,-763.273174838,516.385904473],[0.503238993,
0.496742898,-0.490015198,0.509786343],[-1,0,-1,0],[9E9,9E9,9E9,9E9,9E9,9E9]];
    CONST robtarget pPlace：=[[91.685699792,106.506587166,79.245755322],[0.502307858,
-0.497689542,-0.499005507,-0.50098447],[1,0,-1,0],[9E9,9E9,9E9,9E9,9E9,9E9]];
!需要示教的目标点数据，抓取点pPick，pHome点，与放置点pPlace
PERS tooldata tGripper：=[TRUE,[[0,0,175],[0,0,0,1]],[1,[0,0,1],[1,0,0,0],0,0,0]];
!定义工具坐标系数据tGripper
PERS loaddata LoadFull：=[0.5,[0,0,3],[1,0,0,0],0,0,0.1];
    !定义有效载荷数据LoadFull
TASK PERS wobjdata WObj_Place：=[FALSE,TRUE,"",[[-245.485,1098.929,671.128],[1,0,0,0]],
[[0,0,0],[1,0,0,0]]];
!定义工件坐标系数据WObj_Place
PERS num nPallet：=0;
!放置的计数值，对放置的数量进行计数
PERS num nCycleTime：=3.141;
!赋值单节拍时间
PERS robtarget p_Place;
!放置目标点，用于程序中被赋予的值，以实现多点放置
PERS bool    bPalleFull_1：=FALSE;
PERS bool    bPalleFull_2：=FALSE;
PERS bool    bPalleFull_3：=FALSE;
PERS bool    bPalleFull：=FALSE;
!布尔量，动作完成为TURE，否则为FALSE，相当于0，1
VAR clock Timer1;
PERS    speeddata vEmptyMAX：=[5000,500,6000,1000];
!运行空载的最高速度限制，用于多速度选择
PERS    speeddata vEmptyMIN：=[2000,400,6000,1000];
!运行空载的最低速度限制，用于多速度选择
PERS    speeddata vLoadMAX：=[4000,500,6000,1000];
!运行负载的最高速度限制，用于多速度选择
PERS    speeddata vLoadMIN：=[1000,200,6000,1000];
!运行负载的最低速度限制，用于多速度选择
    PROC rModPos()
!示教目标点程序
        MoveJ pHome,v1000,fine,tGripper\WObj：=wobj0;
    !示教pHome，在工件坐标系wobj0下
```

☞ 三个重要定义数据：工具数据、工件数据、载荷数据。

☞ 注意：工业上的时间节拍是很重要的，时间代表着工作效率，一定程度上是反映机器人的一项数据指标。

```
        MoveJ pPick,v1000,fine,tGripper \ WObj：= wobj0;
!示教 pPick，在工件坐标系 wobj0 下
        MoveJ pPlace,v1000,fine,tGripper \ WObj：= WObj_Place;
!示教 pPlace，在工件坐标系 WObj_Place 下
    ENDPROC
PROC main( )
!主程序
rInitAll;
!调用初始化程序
WHILE TRUE    DO
!利用程序 WHILE 将初始化程序隔开
rCalPostion;
!计算位置程序,将放置位置赋值,以便摆放
        WaitDI di11_Conveyor,1;
!等待程序,对传送带到达信号进行判断
rPick;
!调用拾取程序
rPlase;
!调用放置程序
rCount;
!调用计算程序,进行个数和布尔量的计算
rWriteCheck;
!调用写屏程序
        WaitTime 0.2;
!调用循环等待时间,防止在不满足机器人的动作情况下程序扫描过快,造成 cpu 过负载
ENDWHILE
ENDPROC
PROC rInitAll( )
!初始化程序
AccSet   100,100;
!加速度控制指令
        VelSet 100,5000;
!速度控制指令执行此程序运行的最大速度是5000mm/s
        Reset do00_ClampAct_1;
!复位抓取信号
        ClkStop Timer1;
!停止计时
        ClkReset Timer1;
!复位时钟
nPallet：=0;
!将计算数值赋值为0
MoveJ  pHome ,vEmptyMAX,fine,tGripper ;
!机器人位置初始化,将其移动到 pHome 点
```

```
ENDPROC
PROC rCount( )
```
!计算程序
```
        Incr nPallet;
```
!将其进行加1计算,进行放置计数
```
IF DI_1 = 1 AND DI_2 = 1 AND DI_3 = 1 THEN
            bPalleFull_1: = TRUE ;
ENDIF
```
!判断第一层是否放满
```
IF DI_4 = 1 AND DI_5 = 1 AND DI_6 = 1 THEN
bPalleFull_2: = TRUE ;
ENDIF
```
!判断第二层是否放满
```
IF DI_7 = 1 AND DI_8 = 1 AND DI_9 = 1 THEN
            bPalleFull_3: = TRUE ;
ENDIF
```
!判断第三层是否放满
```
IF DI_1 = 1 AND DI_2 = 1 AND DI_3 = 1 AND DI_7 = 1 AND DI_8 = 1 AND DI_9 = 1 AND DI_4 = 1 AND DI
_5 = 1 AND DI_6 = 1 THEN
bPalleFull: = TRUE ;
```
!判断所有的位置是否放满
```
MoveJ  pHome ,vEmptyMAX,fine,tGripper ;
```
!放满之后回到 pHome 点
```
            Stop;
```
!放满后停止程序进行
```
ENDIF
ENDPROC
PROC rPick( )
```
!拾取程序
```
        ClkReset Timer1;
```
!复位时间
```
        ClkStart Timer1;
```
!开始计时
```
        MoveJ Offs(pPick,0,0,150),vEmptyMAX ,z50,tGripper \ WObj: = wobj0;
```
!利用 Movej 移动到拾取点正上方 Z 轴正方向150mm 处
```
        MoveL pPick,vEmptyMIN,fine ,tGripper \ WObj: = wobj0 ;
```
!利用 Movej 移动到拾取点
```
        Set do00_ClampAct_1;
```
!置位夹紧信号,使其夹住工件
```
        WaitTime 0. 3;
```
!等待夹取时间
```
        GripLoad LoadFull;
```
!加载载荷数据 LoadFull

计算时间是为了更好地统计机器人的运行,避免进行人机简单的交互,避免齿轮箱过热。

```
        MoveL Offs(pPick,0,0,150),vLoadMIN,z50,tGripper \ WObj: = wobj0;
!利用 MoveL 移动到拾取点正上方 Z 轴正方向150mm 处
ENDPROC
PROC  rPlase( )
!放置程序
        MoveJ Offs(p_Place,0, - 110,40),vLoadMAX,z50,tGripper \ WObj: = WObj_Place;
!利用 Movej 移动到放置点正上方 Z 轴正方向40mm,Y 轴负方向110mm 处
        ConfL \ Off ;
!关闭轴配置监控
        MoveL Offs (p_Place,0,0,40),vLoadMIN,fine,tGripper \ WObj: = WObj_Place;
!利用 MoveL 移动到放置点正上方 Z 轴正方向40mm 处
        MoveL p_Place,vLoadMIN,fine ,tGripper \ WObj: = WObj_Place;
!利用 MoveL 移动到放置点
        ReSet do00_ClampAct_1 ;
!复位夹取信号,使其松开
        WaitTime 0. 3 ;
!放置等待时间
        GripLoad LoadFull;
!加载载荷数据
        MoveL Offs(p_Place,0, - 110,0),vEmptyMIN,z50,tGripper \ WObj: = WObj_Place;
!利用 MoveL 移动到放置点 Y 轴负方向110mm 处
        ClkStop Timer1 ;
!停止计时
nCycleTime: = ClkRead(Timer1 );
!读取时钟值
ENDPROC
PROC  rCalPostion( )
!计算位置程序
IF DI_1 = 0 THEN
        p_Place: = Offs (pPlace,0,0,398);
ENDIF
IF  DI_1 = 1 AND DI_2 = 0 THEN
        p_Place: = Offs (pPlace,160,0,398);
ENDIF
IF DI_1 = 1 AND DI_2 = 1 AND DI_3 = 0 THEN
        p_Place: = Offs (pPlace,320,0,398);
ENDIF
IF DI_1 = 1 AND DI_2 = 1 AND DI_3 = 1 AND DI_4 = 0 THEN
        p_Place: = Offs (pPlace,0,0,199);
ENDIF
IF DI_1 = 1 AND DI_2 = 1 AND DI_3 = 1 AND DI_4 = 1 AND DI_5 = 0 THEN
        p_Place: = Offs (pPlace,160,0,199);
ENDIF
```

```
IF DI_1 = 1 AND DI_2 = 1 AND DI_3 = 1 AND DI_4 = 1 AND DI_5 = 1 AND DI_6 = 0 THEN
        p_Place: = Offs (pPlace,320,0,199);
ENDIF
IF DI_1 = 1 AND DI_2 = 1 AND DI_3 = 1 AND DI_4 = 1 AND DI_5 = 1 AND DI_6 = 1 AND DI_7 = 0 THEN
        p_Place: = Offs (pPlace,0,0,0);
ENDIF
IF DI_1 = 1 AND DI_2 = 1 AND DI_3 = 1 AND DI_4 = 1 AND DI_5 = 1 AND DI_6 = 1 AND DI_7 = 1 AND DI
_8 = 0 THEN
        p_Place: = Offs (pPlace,160,0,0);
ENDIF
IF DI_1 = 1 AND DI_2 = 1 AND DI_3 = 1 AND DI_4 = 1 AND DI_5 = 1 AND DI_6 = 1 AND DI_7 = 1 AND DI
_8 = 1 AND DI_9 = 0 THEN
        p_Place: = Offs (pPlace,320,0,0);
ENDIF
```
!扫描位置1、位置2、位置3、位置4、位置5、位置6、位置7、位置8、位置9，即判断放置盘是否
还有空位可以放置，若符合条件便进行位置赋值
```
ENDPROC
PROC rWriteCheck( )
```
!写屏程序
```
TPErase ;
```
!示教器清屏
```
        TPWrite "Running";
```
!显示运行
```
        TPWrite "Cycletime:" \ Num: = nCycleTime;
```
!运行时间写屏
```
        TPWrite "nPallet:" \ Num: = nPallet;
```
!计数写屏
```
        TPWrite "SC_place the rack_up:" \ Bool: = bPalleFull_1;
        TPWrite "SC_place the rack_mid:" \ Bool: = bPalleFull_2;
        TPWrite "SC_place the rack_low:" \ Bool: = bPalleFull_3;
```
!放置盘上中下放置写屏
```
        TPWrite "SC_place the rack" \ Bool: = bPalleFull;
```
!放满写屏
```
ENDPROC
ENDMODULE
```

> 写屏程序是为了更好地反映机器人的工作状态，更好地进行数据的统计分析。

3.5 多机床多机器人制造虚拟仿真系统

多机床多机器人生产线仿真系统由带有导轨的上下料工业机器人（ABB IRB1410）、装配机器人（ABB IRB910）、装箱机器人（ABB IRB140）、可编程控制器（PLC）、两台数控机床（CNC）、供料站和其他周边设备组成。构建的多机床多机器人生产线仿真系统如图 3 - 17 所示。

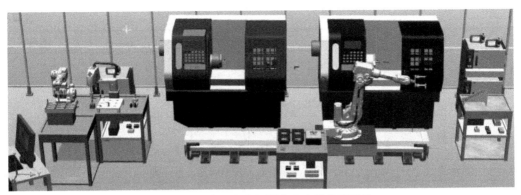

图 3 - 17　多机床多机器人生产线仿真系统

3.5.1　生产工艺流程

上下料机器人先从供料站抓取一个粗加工工件，放入机床 1 进行精加工，加工好一端后，机器人取下工件，放到工件翻转台上，工件翻转，机器人从翻转台抓取工件，放入机床 2 精加工另一端，加工完毕后，机器人抓取加工完毕的工件放到装配站指定位置，光电传感器检测到工件到位，启动装配机器人进行装配作业，光电传感器检测到装配好的工件到位，启动装箱机器人搬运到箱内指定位置。粗加工工件以及产品如图 3 - 18 所示。整个工作站能实现机器人、机床、输送线相互通信，并有强制互锁程序，以确保机器人与其他设备之间不会发生任何碰撞。生产线连续运行模式如表 3 - 8 所示。

图 3 - 18　原料及异形轴产品

表 3 - 8　生产线连续运行模式

序号	作业工序	作业内容	备注
1	作业准备、系统启动	①粗加工工件准备到位 ②工件类型、数量设定 ③按启动按钮	人工作业
2	上下料机器人启动，工件从上料台取出	①工件取出 ②等待机床信号、安全门信号	工件 9 个

序号	作业工序	作业内容	备注
3	机床1上下料	①机床有工件，下料、吹气清理、上料 ②机床无工件，上料	作业期间仅检测质量，不检查产品粗造度等是否合格
4	工件清洗	工件到指定位置吹气清洗	
5	工件翻转放置	①把机床1加工后的工件放到翻转台上 ②等待翻转台翻转，变换夹取位置	
6	机床2上下料	同步骤2，并根据工艺不同加工另一端	
7	加工完成品放到检测站指定位置	①加工完成，吹气清洗，放置到检测站，质量检测合格，机器人送到装配站，否则放到废料盒 ②上下料机器人回到起始点，进行下个工件作业	
8	装配机器人装配作业	工件到位，启动装配机器人搬运到指定位置，机器人回到等待点	
9	装箱机器人装箱作业	装配好的工件到位，启动装箱机器人搬运到箱内位置，机器人回到等待点	
10	作业提示	工件1到9循环作业，当加工完9个工件，提示人工上料，放置配件及包装箱	

3.5.2 生产线参考程序

1）机床加工站程序

```
MODULE MainModule
    PROC main( )
        rAll;
        rPick_1;
        rJichuang1_fang_2;
        rPick_1;
        rJichuang1_qu_3;
        rTest_4;
WHILE di_4 = 0 DO
        rNopass_5;
        rPick_1;
        rJichuang1_qu_3;
        rTest_4;
ENDWHILE
        rJichuang2_fang_6;
WHILE TRUE DO
        rPick_1;
        rJichuang1_qu_3;
```

```
                rTest_4;
WHILE di_4 = 0 DO
                rNopass_5;
                rPick_1;
                rJichuang1_qu_3;
                rTest_4;
ENDWHILE
                rJichuang2_qu_7;
                rPlace_8;
ENDWHILE
    ENDPROC
PROC rAll( )
        VelSet 100,500;
        Reset do_1;
        Reset do_2;
        Reset do_3;
        Reset do_4;
        Reset do_5;
        MoveJ pHome,v1000,fine,ToolFrame \ WObj: = wobj0;
ENDPROC
PROC rPick_1( )
        WaitDI di_0,1;
        MoveJ pTransition_1,v1000,fine,ToolFrame \ WObj: = wobj0;
        MoveJ Offs( pPick, -80,0,0),v1000,z30,ToolF1 \ WObj: = wobj0;
        MoveL pPick,v1000,fine,ToolF1 \ WObj: = wobj0;
        Set do_1;
        WaitDI di_1,1;
        MoveL Offs( pPick,0,0,200),v1000,z50,ToolF1 \ WObj: = wobj0;
        MoveJ pTransition_1,v1000,fine,ToolFrame \ WObj: = wobj0;
ENDPROC
PROC rPlace_8( )
!WaitDI di_,0;
        MoveJ pTransition_2,v1000,fine,ToolFrame \ WObj: = wobj0;
        MoveJ pMob,v1000,z100,ToolFrame \ WObj: = wobj0;
        MoveJ Offs( pPlace,0,0,200),v1000,z50,ToolF1 \ WObj: = wobj0;
        MoveL pPlace,v1000,fine,ToolF1 \ WObj: = wobj0;
        PulseDO do_6;
        WaitDI di_6,0;
        Reset do_1;
        WaitDI di_1,0;
        MoveL Offs( pPlace,0,0,200),v1000,z50,ToolF1 \ WObj: = wobj0;
        MoveJ pMob,v1000,z100,ToolFrame \ WObj: = wobj0;
        MoveJ pTransition_2,v1000,fine,ToolFrame \ WObj: = wobj0;
```

```
ENDPROC
PROC rJichuang1_fang_2()
        WaitDI di_3,0;
        MoveJ pTransition_1,v1000,fine,ToolFrame \ WObj: = wobj0;
        MoveJ Offs(pJichuang_1,50, -300,0),v1000,z50,ToolF1 \ WObj: = wobj0;
        MoveJ Offs(pJichuang_1,50,0,0),v1000,z10,ToolF1 \ WObj: = wobj0;
        MoveL pJichuang_1,v1000,fine,ToolF1 \ WObj: = wobj0;
        Reset do_1;
        WaitDI di_1,0;
!   MoveL Offs(pJichuang_1,50,0,0),v1000,fine,ToolF1 \ WObj: = wobj0;
        MoveJ Offs(pJichuang_1,50, -300,0),v1000,z50,ToolF1 \ WObj: = wobj0;
        MoveJ pTransition_1,v1000,fine,ToolFrame \ WObj: = wobj0;
        PulseDO do_3;
ENDPROC
PROC rJichuang1_qu_3()
        WaitDI di_3,0;
        MoveJ pTransition_1,v1000,fine,ToolFrame \ WObj: = wobj0;
        MoveJ Offs(pJichuang_1,50, -300,0),v1000,z50,ToolF2 \ WObj: = wobj0;
!   MoveJ Offs(pJichuang_1,50,0,0),v1000,fine,ToolF2 \ WObj: = wobj0;
        MoveL pJichuang_1,v1000,fine,ToolF2 \ WObj: = wobj0;
        Set do_2;
        WaitDI di_2,1;
        MoveL Offs(pJichuang_1,50,0,0),v1000,fine,ToolF2 \ WObj: = wobj0;
        MoveJ Offs(pJichuang_1,50,0,0),v1000,fine,ToolF1 \ WObj: = wobj0;
        MoveL pJichuang_1,v1000,fine,ToolF1 \ WObj: = wobj0;
        Reset do_1;
        WaitDI di_1,0;
!   MoveL Offs(pJichuang_1,50,0,0),v1000,fine,ToolF1 \ WObj: = wobj0;
        MoveJ Offs(pJichuang_1,50, -300,0),v1000,z50,ToolF1 \ WObj: = wobj0;
        MoveJ pTransition_1,v1000,fine,ToolFrame \ WObj: = wobj0;
        PulseDO do_3;
ENDPROC
PROC rJichuang2_fang_6()
        WaitDI di_5,0;
        MoveJ pTransition_2,v1000,fine,ToolFrame \ WObj: = wobj0;
        MoveJ Offs(pJichuang_2,50, -600,0),v1000,z50,ToolF2 \ WObj: = wobj0;
        MoveJ Offs(pJichuang_2,50,0,0),v1000,z10,ToolF2 \ WObj: = wobj0;
        MoveL pJichuang_2,v1000,fine,ToolF2 \ WObj: = wobj0;
        Reset do_2;
        WaitDI di_2,0;
!   MoveL Offs(pJichuang_2,50,0,0),v1000,fine,ToolF2 \ WObj: = wobj0;
        MoveJ Offs(pJichuang_2,50, -600,0),v1000,z50,ToolF2 \ WObj: = wobj0;
        MoveJ pTransition_2,v1000,fine,ToolFrame \ WObj: = wobj0;
```

```
        PulseDO do_5;
ENDPROC
PROC rJichuang2_qu_7( )
        WaitDI di_5,0;
        MoveJ pTransition_2,v1000,fine,ToolFrame \ WObj: = wobj0;
        MoveJ Offs(pJichuang_2,50, - 600,0),v1000,z50,ToolF1 \ WObj: = wobj0;
!    MoveJ Offs(pJichuang_2,50,0,0),v1000,fine,ToolF1 \ WObj: = wobj0;
        MoveL pJichuang_2,v1000,fine,ToolF1 \ WObj: = wobj0;
        Set do_1;
        WaitDI di_1,1;
        MoveL Offs(pJichuang_2,50,0,0),v1000,fine,ToolF1 \ WObj: = wobj0;
        MoveJ Offs(pJichuang_2,50,0,0),v1000,fine,ToolF2 \ WObj: = wobj0;
        MoveL pJichuang_2,v1000,fine,ToolF2 \ WObj: = wobj0;
        Reset do_2;
        WaitDI di_2,0;
!    MoveL Offs(pJichuang_2,50,0,0),v1000,fine,ToolF2 \ WObj: = wobj0;
        MoveJ Offs(pJichuang_2,50, - 600,0),v1000,z50,ToolF2 \ WObj: = wobj0;
        MoveJ pTransition_2,v1000,fine,ToolFrame \ WObj: = wobj0;
        PulseDO do_5;
ENDPROC
PROC rTest_4( )
        MoveJ pTransition_1,v1000,fine,ToolFrame \ WObj: = wobj0;
        MoveJ Offs(pTest,0,0,100),v1000,z30,ToolF2 \ WObj: = wobj0;
        MoveL pTest,v1000,fine,ToolF2 \ WObj: = wobj0;
        Reset do_2;
        WaitDI di_2,0;
        MoveL Offs(pTest,0,0,100),v1000,fine,ToolF2 \ WObj: = wobj0;
        MoveJ Offs(pTest,0,0,100),v1000,fine,ToolF2 \ WObj: = wobj0;

        PulseDO do_4;
        WaitTime 2;
        MoveL pTest_2,v1000,fine,ToolF2 \ WObj: = wobj0;
        Set do_2;
        WaitDI di_2,1;
        MoveL Offs(pTest_2,0,0,100),v1000,fine,ToolF2 \ WObj: = wobj0;
ENDPROC
PROC rNopass_5( )
        MoveJ Offs(pTest_Del,0,0,200),v1000,z50,ToolF2 \ WObj: = wobj0;
        MoveL pTest_Del,v1000,fine,ToolF2 \ WObj: = wobj0;
        Reset do_2;
        WaitDI di_2,0;
        MoveL Offs(pTest_Del,0,0,200),v1000,z50,ToolF2 \ WObj: = wobj0;
        MoveJ pTransition_1,v1000,fine,ToolFrame \ WObj: = wobj0;
```

```
ENDPROC
ENDMODULE
```

2）装配站程序

```
MODULE MainModule
PROC Main( )
rInitAll;
WHILE TRUE DO
            WaitDI di_ok,1;
rLocation;
                MoveJ Offs( ppick,60,0,0),v1000,z100,ToolFrame \ WObj: = wobj0;
                MoveL ppick,v1000,fine,ToolFrame \ WObj: = wobj0;
                Set do_fixture;
                WaitDI di_fixture,1;
                MoveL Offs( ppick,60,0,0),v1000,fine,ToolFrame \ WObj: = wobj0;
                MoveJ phome, v1000, z100, ToolFrame \ WObj: = wobj0;
                MoveJ Offs(pplace,0,0,80),v1000,z100,ToolFrame \ WObj: = Workobject_1;
                MoveL pplace,v1000,fine,ToolFrame \ WObj: = Workobject_1;
                Reset do_fixture;
                WaitDI di_fixture,0;
                MoveL Offs(pplace,0,0,80),v1000,fine,ToolFrame \ WObj: = Workobject_1;
                MoveJ phome,v1000,fine,ToolFrame \ WObj: = wobj0;
rCount;
ENDWHILE
ENDPROC
PROC rInitAll( )
        AccSet 50,80;
        VelSet 50,1000;
left: = FALSE;
        reg2: = 1;
        MoveJ phome,v1000,fine,ToolFrame;
        Reset do_fixture;
ENDPROC
PROC rCount( )
        reg2: = reg2 + 1;
IF reg2 > 9 THEN
left: = TRUE;
            reg2: = 1;
ENDIF
ENDPROC
PROC rLocation( )
IF left = FALSE THEN
```

```
pplace: = pplaseleft;
TEST reg2
CASE 1:
pplace: = pplaseleft;
CASE 2:
pplace: = Offs(pplace,0,160,0);
CASE 3:
pplace: = Offs(pplace,0,320,0);
CASE 4:
pplace: = Offs(pplace,80,0,0);
CASE 5:
pplace: = Offs(pplace,80,160,0);
CASE 6:
pplace: = Offs(pplace,80,320,0);
CASE 7:
pplace: = Offs(pplace,160,0,0);
CASE 8:
pplace: = Offs(pplace,160,160,0);
CASE 9:
pplace: = Offs(pplace,160,320,0);
ENDTEST
ENDIF
ENDPROC
ENDMODULE
```

3)装箱站程序

```
MODULE MainModule
PROC Main( )
rInitAll;
WHILE TRUE DO
        WaitDI di_0,1;
rLocation;
            MoveJ Offs(ppick,0,0,80), v1000, fine, ToolFrame5 \ WObj: = Workobject_2;
            MoveL ppick, v1000, fine, ToolFrame5 \ WObj: = Workobject_2;
            Set do_fixture2;
            WaitDI di_fixture2,1;
            MoveL Offs(ppick,0,0,80), v1000, fine, ToolFrame5 \ WObj: = Workobject_2;
            MoveJ Offs(pplace,0,0,30), v1000, fine, ToolFrame5 \ WObj: = wobj0;
            MoveL pplace1, v1000, fine, ToolFrame5 \ WObj: = wobj0;
            PulseDO do_1;
            WaitDI di_1,1;
            MoveL Offs(pplace1,0,0,120), v1000, fine, ToolFrame5 \ WObj: = wobj0;
```

```
                    WaitDI di_3,0;
                    MoveL Offs( pplace2,0,0,100), v1000, fine, ToolFrame5 \ WObj: = wobj0;
                    MoveL pplace2, v1000, fine, ToolFrame5 \ WObj: = wobj0;
                    Reset do_fixture2;
                    WaitDI di_fixture2,0;
                    MoveL Offs( pplace2,0,0,100), v1000, fine, ToolFrame5 \ WObj: = wobj0;
rCount;
ENDWHILE
ENDPROC
PROC rInitAll( )
        AccSet 50,80;
        VelSet 50,1000;
left: = FALSE;
        reg2: = 1;
        MoveJ phome,v1000,fine,ToolFrame5;
        Reset do_fixture2;
ENDPROC

PROC rCount( )
        reg2: = reg2 + 1;
IF reg2 > 9 THEN
left: = TRUE;
            reg2: = 1;
ENDIF
ENDPROC
PROC rLocation( )
IF left = FALSE THEN
ppick: = PICK;
TEST reg2
CASE 1:
ppick: = PICK;
CASE 2:
ppick: = Offs( ppick,120,0,0);
CASE 3:
ppick: = Offs( ppick,240,0,0);
CASE 4:
ppick: = Offs( ppick,0,120,0);
CASE 5:
ppick: = Offs( ppick,120,120,0);
CASE 6:
ppick: = Offs( ppick,240,120,0);
CASE 7:
ppick: = Offs( ppick,0,240,0);
```

```
CASE 8:
ppick: = Offs( ppick,120,240,0);
CASE 9:
ppick: = Offs( ppick,240,240,0);
ENDTEST
ENDIF
ENDPROC
ENDMODULE
```

第4章　工业机器人综合应用虚拟仿真

4.1　职业技能等级任务

工业机器人综合应用虚拟仿真实训模块共有7个虚拟仿真实训项目。本模块侧重于多机器人生产线的集成与综合应用，涉及异形轴、盘类等多机器人多工作站生产线，解决学生以多机器人柔性智能制造生产线为载体进行智能制造技术综合技能训练，让学生熟悉、学习集成多机器人协同生产，使学生具备综合应用与系统集成能力，如表4-1所示；帮助学习者掌握操作、调试等基本技能，可对接工业机器人操作员岗位，可部分对接工业机器人操作与运维、工业机器人应用编程、工业机器人集成应用的初级证书与中级证书任务，如表4-2所示。职业技能等级证书所对应的职业技能要求可参阅相关的等级标准。

表4-1　已建虚拟仿真资源一览表

序号	名称	三维仿真	能否编程与操作实训
1	多机器人柔性制造生产线仿真系统	是	能
2	多机器人不锈钢盆生产虚拟仿真系统	是	能
3	多机器人智能冷库的虚拟仿真平台	是	能
4	多机器人砚台制造生产线仿真系统	是	能
5	多功能机器人综合应用仿真平台	是	能
6	刹车盘自动生产线虚拟仿真系统	是	能

表4-2　对接职业技能等级证书相关任务

序号	职业技能等级证书	高级工作任务	备注
1	工业机器人应用编程	①仿真环境下编程 ②二次开发	
2	工业机器人集成应用	①典型应用工作站程序综合调试 ②典型应用工作站系统优化 ③工业机器人生产线虚拟调试与优化	

4.2　多机器人不锈钢盆生产虚拟仿真系统

不锈钢盆生产线是一个比较复杂的生产系统，在生产线投入使用前，利用计算机仿真技术预先对生产制造过程进行评估，验证工艺路线及设备布局的合理性，优化资源配置及工序，为生产线的正式运行提供依据。不锈钢盆生产线由传送带、冲压机上下料机器人、冲压机、吸附式执行器、打磨机上下料机器人、打磨机、固定装置、卷边机上下料机器人、激光打标机、卷边机、加热机、冷却机、码垛机器人、AGV小车、可编程控制器（PLC）、仓储库和其他周边设备组成。生产线以PLC为控制中心，通过PLC控制器连接以上相关设备，建立设备间的通信及控制管理系统，实现不锈钢盆自动生产线的冲压机和打磨机、激光打标机、卷边机、加热冷却机的上下料、运转和仓储。构建的不锈钢盆生产线模拟仿真系统如图4-1所示。

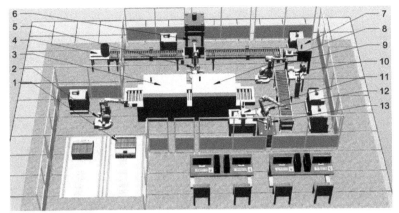

1—AGV 小车；2—码垛机器人；3—冷却机；4—原材料供应仓；5—冲压上下料机器人；
6—冲压机；7—加热机；8—自动抛光机；9—外部抛光打磨上下料机器人；
10—内部抛光机器人；11—自动卷边机；12—激光打标卷边上下料机器人；13—激光打标机

图4-1 不锈钢盆虚拟仿真生产线整体布局

4.2.1 机器人末端执行器的设计

原材料为不锈钢材料，考虑到冲压会让不锈钢材料产生形变，材料选择直径为32.64 cm、厚度0.20 cm的不锈钢薄片，仿真加工产品如图4-2所示。

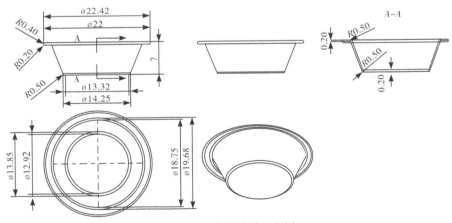

图4-2 产品成品工程图

机器人末端执行器的设计主要考虑的是工件的外形特点以及工件的吸取方式。因为原材料工件为不锈钢板，这种材料表面比较光滑平整而且是薄板，所以适合使用气吸附式末端执行器来进行吸取。气吸附式机器人末端执行器利用吸盘内的负压产生的吸力来吸住并移动工件。吸盘就是用软橡胶或者是塑料制成的皮碗中形成的负压来吸住工件。此种机器人末端执行器适用于吸取大而薄、刚性差的金属或木质板材、纸张、玻璃和弧形壳体等作业零件。

考虑到生产线不同的工序需要以不同的姿势吸取工件的不同部位，因此设计了两种不同的吸盘，一种是用来吸取原材料和不锈钢盆底部，另一种是用来吸取不锈钢盆的侧表面，如图4-3所示。

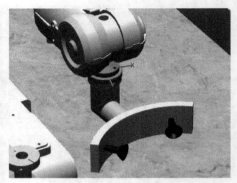

图4-3　机器人末端执行器

4.2.2　生产线各工作站构成

1）冲压成型工作站

冲压成型工作站中的冲压机主要由冲压气缸、冲压头、模具、安装板等组成，当机器人将原材料送进冲压机时，机器人回到安全原点，冲压机的冲压头对原材料进行冲压加工，能达到一次成型的效果，冲压完成后，机器人取冲压完成的产品到传送带上，即完成一次冲压加工的工艺。冲压机的工作原理：当工件被放入冲压位置时，伸缩气缸活塞杆缩回到位，冲压气缸伸出对工件进行加工，完成加工动作后冲压气缸缩回，为下一次冲压加工做准备。冲压根据工件的要求对工件进行加工，冲压头安装在冲压气缸头部。冲压成型工作站如图4-4所示。

图4-4　冲压成型工作站

2）外部/内部抛光工作站

打磨抛光工作站的设计对于整条生产线是至关重要的，它决定着工件表面打磨的加工质量。打磨抛光工作站主要是由机器人、磨具、磨床以及可进给式气动夹具组合而成的。

通过机器人把半成品的不锈钢盆夹取到工位上，将工件置于工位夹具上，由工位夹具牢牢固定工件，调整好抛光轮与工件的相对位置，调整完毕后通过人机界面输入启动各抛光轮的工作参数，启动圆盘、工位旋转按钮，依次把工件放置在工件的夹具上，工件随圆盘旋转的同时，自身在工位上自转，按顺序通过各组抛光轮进行抛光，当工件回到取放工件位置即完成一个工作循环，取下成品件再放上新的加工工件，依次循环往复工作即可。外部/内部抛光工作站如图4-5所示。自动化的打磨抛光机可以大大提高工作效率，同时也可以根据产品的不同更换不同的打磨参数，该工作站适合盘类形状工件的精抛。

 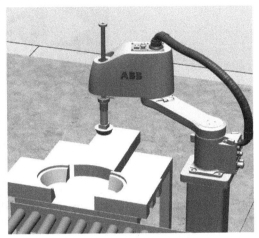

图4-5　外部/内部抛光工作站

3）激光打标和卷边工作站

在激光打标工作站中，机器人把抛光好的半成品盆的底部放置在激光打标机（图4-6）的指定位置，此时输出一个加工信号，激光打标机启动，打标机将以预先在电脑设计的图标进行打标。图案可以根据需要自行设计，也可以加入不同生产厂家的品牌标识。激光打标完成后机器人将工件取走，完成打标工序。

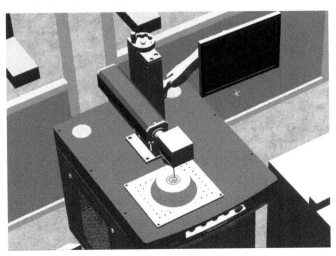

图4-6　激光打标机

卷边机（图4-7）由机架、工位夹具、转轴和自动卷边机组成，通过工件高速旋转，对工件的上下边进行挤压、变形，形成卷边的效果。

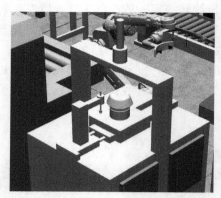

图4-7　卷边机

4）加热退火冷却工序装置

加热退火冷却工序是对半成品工件的金属结构的进一步优化，可以使金属的韧性等性能得到提高。不锈钢盆原材料的成分是不锈钢，而不锈钢经过冲压后，内部晶体结构早已经发生变化，如果不经过退火处理，汤盆在长期使用的情况下很容易出现断裂，所以此工作站在最后进行了400℃高温加热，然后冷却处理，能提高产品的耐用性。装置如图4-8所示。

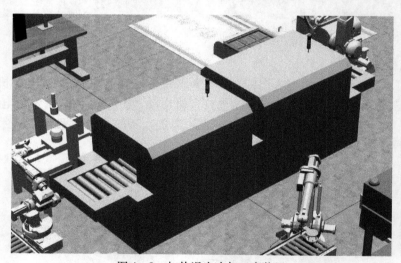

图4-8　加热退火冷却工序装置

5）码垛工作站

本工作站采用的 AGV 是一种装载货物可自动行驶的小车（图4-9），利用磁导航技术，AGV 小车就能够按照预设的路径，载着指定的零件或产品前往预设的工位。这就避免了人工操作不当导致零件、产品运送错误的情况，减小装配故障，减少人力，提高运输准确性、灵活性和高效性。该码垛工作站采用常见的"3+2"进行码垛，即竖着放2个产品，横着放3个产品，仅放置一层。机器人每次吸取一个产品进行码垛作业，将成品逐个放置在托盘上，码垛作业一共搬运6个产品作为一个工作周期，若搬运的产品数量达到6

个，将启动 AGV 小车将装载满的物料运走，另一台 AGV 小车启动到码垛工作位置，而上一台 AGV 小车卸完货返回，进入码垛工作位置等待下一个工作周期。

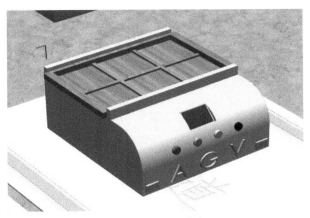

图 4 - 9　AGV 小车

4.2.3　仿真系统工作流程

根据不锈钢盆路径规划设计的自动生产线流程如图 4 - 10 所示。在一个循环之中，各个工作台上的金属传感器检测各工序加工完毕后，将其信息传输给 PLC 进行下一步动作，整个自动生产线能够实现机器人、传送带、冲压机、打磨机、激光打印机、卷边机、淬火机、冷却机、码垛机器人、AGV 小车相互通信，并有强制互锁功能，以确保机器人与其他设备不会发生任何碰撞。

图 4 - 10　自动生产线流程图

如前面图 4 - 1 所示，原材料进入传送带 1，经传送带 1 运行到指定位置，传感器检测到原材料给出信号，冲压机上下料机器人接收到信号，冲压机上下料机器人运行吸取原材料，放到冲压机工作台上，放下原材料，冲压机上下料机器人退出，传感器检测到原材料，冲压机启动，原材料冲压成型半成品，冲压机回到原位，给出信号到达冲压机上下料机器人，冲压机上下料机器人运行吸取半成品，运送至传送带 2。传送带 2 检测到半成品，打磨机上下料机器人搬运半成品至外部打磨机，外部打磨机运行，外部打磨完成，给出信号，打磨机上下料机器人搬运半成品至内部打磨机，内部打磨机运行，内部打磨完成，把半成品送至传送带 3。经传送带 3 运送半成品至指定位置，传感器检测到半成品，给出信号至卷边机上下料机器人，机器人运行搬运半成品至激光打印机，激光打印完成，机器人搬运半成品至卷边机，卷边完成，机器人搬运半成品至传送带 4，半成品经过淬火机、冷却机，工序全部完成，生成成品不锈钢盆。使用码垛机器人进行码垛，搬运至 AGV 小车，AGV 小车检测到装有 6 个成品，AGV 小车运行，卸货后 AGV 小车返回。生产线连续运行模式如表 4 - 3 所示。

表4-3　生产线连续运行模式

序号	作业工序	作业内容	备注
1	作业准备、系统启动	①原材料工件准备、到位 ②按启动按钮	人工作业
2	原材料进入指定位置，冲压机上下料机器人启动	①原材料取出 ②等待机器人信号、传感器信号	原材料6个
3	冲压机运行冲压	①冲压机有原材料 ②机器人退出工作范围	作业期间仅检测质量，不检查产品粗糙度等是否合格
4	半成品进入传送带2	冲压机上下料机器人搬运半成品进入传送带2	
5	打磨机上下料机器人启动上下料	①把半成品使用机器人翻转放到外部打磨机上 ②等待外部打磨机完成工作 ③把半成品使用机器人翻转放到内部打磨机上	
6	内部打磨机送料运行	①内部打磨完成 ②使用内部打磨机把半成品送至传送带3	
7	卷边机上下料机器人启动	①工件到位，启动卷边机上下料机器人搬运到激光打标机，机器人回到等待点 ②打标完成，卷边机上下料机器人搬运到卷边机，机器人回到等待点 ③卷边完成，启动卷边机上下料机器人搬运到传送带	
8	淬火机、冷却机启动	成品到达指定位置由传送带经过淬火机和冷却机	
9	码垛机器人码垛作业	成品到位，启动码垛机器人搬运到AGV小车，机器人回到等待点	
10	作业提示	工件1到6循环作业，当加工完6个工件，提示AGV小车运行，运行至指定位置上下料	

4.2.4　生产线仿真系统运行I/O信号

在实际的自动化装配生产线中，以德国西门子PLC为主控单元，采用Profibus、DeviceNet、EthernetIP、RS485等现场总线通信方式，将PLC与机器人、传送带、冲压机、打磨机、激光打标机、卷边机、淬火机、冷却机、码垛机器人、AGV小车等设备互相连接，接收处理机器人、传送带、冲压机、打磨机、激光打印机、卷边机、淬火机、冷却机、码垛机器人、AGV小车和其他外围设备发来的信号。在此次仿真系统应用中，将Smart组件的I/O信号与机器人的I/O信号关联，即Smart组件的输出信号作为机器人端口的输入信号，机器人端口的输出信号作为Smart组件的输入信号，此时Smart组件可以看成一个与机器人进行I/O通信的模拟PLC，离线编写各设备的程序，就可以实现装配生产线整体的仿真效果。表4-4、4-5、4-6、4-7、4-8分别为各个工作站的I/O信号分配表。

表 4-4　冲压工作站 I/O 信号分配表

序号	信号名称	单元映射	含义	类型
1	di0	0	传送带 1 的原物料到位信号	输入
2	di1	1	吸盘 1 已吸取物料	输入
3	di2	2	冲压完成输出信号	输入
4	do32	32	启动/停止传送带 1	输出
5	do33	33	吸盘 1 吸取/放下	输出
6	do34	34	冲压机启动/停止	输出

表 4-5　外部/内部打磨抛光工作站 I/O 信号分配表

序号	信号名称	单元映射	含义	类型
1	di3	3	吸盘 2 已吸取物料	输入
2	di4	4	外部打磨完成输出信号	输入
3	di5	5	传送带 2 冲压品物料到位输出信号	输入
4	di6	6	内部打磨完成输出信号	输入
5	do35	35	吸盘 2 吸取/放下	输出
6	do36	36	外部打磨启动/停止	输出
7	do37	37	内部打磨启动/停止	输出
8	do38	38	启动/停止传送带 2	输出
9	do39	39	内部打磨完成推动物料	输出

表 4-6　激光打标卷边工作站 I/O 信号分配表

序号	信号名称	单元映射	含义	类型
1	di7	7	输送带 3 物料到位输出信号	输入
2	di8	8	吸盘 3 已吸取物料	输入
3	di10	10	激光打标机完成输出信号	输入
4	di11	11	卷边机完成输出信号	输入
5	do40	40	吸盘 3 吸取/放下	输出
6	do42	42	激光打标启动/停止	输出
7	do43	43	卷边机启动/停止	输出

表 4-7　加热冷却工作站 I/O 信号分配表

序号	信号名称	单元映射	含义	类型
1	di14	14	加热冷却完成输出信号	输入
2	do41	41	加热冷却启动/停止	输出

表 4 -8　码垛工作站 I/O 信号分配表

序号	信号名称	单元映射	含义	类型
1	di12	12	吸盘 4 已吸取物料	输入
2	di13	13	AGV 小车到位信号	输入
3	do44	44	吸盘 4 吸取/放下	输出
4	do45	45	AGV 小车启动	输出

4.2.5　系统编程

ABB 工业机器人的程序主要由系统模块和用户建立的模块组成。编写程序时，可以根据不同的控制要求建立多个模块，通过新建模块来构建机器人的程序。在本仿真系统设计中，通过工业机器人将物料从冲压机里面取出搬运到输送链上进行传送加工，完成物料的周转。在搭建好不锈钢盆自动生产线模型后，根据设计的 I/O 功能与 Smart 动态组件，RobotStudio 可以在 PAPID 中进行模拟编程，使搭建好的生产线按照真实生产线的运动流程进行模拟加工。在不锈钢盆自动生产线模拟仿真系统中编写程序主要定义的点有原料的拾取点、各加工设备中不锈钢盆的放置目标点、码垛机器人 TCP 运动路径的起始点等。各工作站程序如下：

1）冲压上下料机器人程序

```
MODULE MainModule
    PROC main( )
        rInitAll；!执行初始化机器人程序
        WHILE TRUE DO
            IF di0 = 1 THEN !传送带1物料到位
                Execute1；!执行放料程序
            ENDIF
        ENDWHILE
    ENDPROC
    PROC Execute1( )
        MoveJ phome1, v500, fine, tool0;
        MoveL p10, v500, fine, tool0;
        MoveL p20, v500, fine, tool0;
        MoveL p30, v1000, fine, tool0;
        Set do33；!吸盘1吸取
        WaitTime 1；
        MoveL p20, v500, fine, tool0;
        MoveL p10, v500, fine, tool0;
        MoveL phome1, v500, fine, tool0;
        MoveL p40, v500, fine, tool0;
        MoveL p50, v500, fine, tool0;
        Reset do33；!吸盘1放下
```

```
        MoveL p40, v500, fine, tool0;
        MoveL phome1, v500, fine, tool0;
        Set do34;!冲压机启动
        WaitTime 1;
        Reset do34;!冲压机停止
        WaitTime 7;
        Execute2;!执行取料程序
    ENDPROC
    PROC Execute2( )
        MoveJ phome1, v200, fine, tool0;
        MoveL p40, v200, fine, tool0;
        MoveL p60, v200, fine, tool0;
        MoveL p70, v200, fine, tool0;
        Set do33;!吸盘1吸取
        WaitTime 1;
        MoveL p60, v200, fine, tool0;
        MoveL p40, v200, fine, tool0;
        MoveJ phome1, v200, fine, tool0;
        MoveL p80, v200, fine, tool0;
        MoveL p90, v200, fine, tool0;
        MoveL p100, v200, fine, tool0;
        Reset do33;!吸盘1放下
        WaitTime 1;
        MoveL p90, v200, fine, tool0;
        Set d038;!启动传送带2
        Reset d038;!停止传送带2
        MoveL p80, v200, fine, tool0;
        MoveJ phome1, v200, fine, tool0;
    ENDPROC
    PROC rInitAll( )
        AccSet 50,80;
        VelSet 50, 1000;
        Reset do33;!吸盘1放下
        Reset do34;!冲压机停止
        Set do32;!启动传送带1
        MoveJ phome1, v200, fine, tool0;
    ENDPROC
ENDMODULE
```

2）外部抛光打磨上下料机器人程序

```
MODULE Module1
    PROC rInitAll( )
        AccSet 100, 100;
        VelSet 100, 1000;
        Reset do35; !吸盘2放下
        MoveJ phome2, v800, fine, tool0;
    ENDPROC
    PROC rTake( )
        MoveJ phome2, v800, fine, tool0;
        MoveJ p10, v800, fine, tool0;
        MoveL p20, v800, fine, tool0;
        MoveL p30, v800, fine, tool0;
        WaitTime 2;
        Set do35; !吸盘2吸取
        MoveL p40, v800, fine, tool0;
        MoveJ p50, v800, fine, tool0;
        MoveJ p60, v800, fine, tool0;
        MoveL p70, v800, fine, tool0;
        WaitTime 0.5;
        Reset do35; !吸盘2放下
        MoveL p120, v800, fine, tool0;
        Set do36; !外部打磨启动
        Reset do36; !外部打磨停止
        MoveJ p140, v800, fine, tool0;
        WaitTime 10;
    ENDPROC
    PROC rPut( )
        MoveJ p120, v800, fine, tool0;
        MoveL p70, v800, fine, tool0;
        WaitTime 1;
        Set do35; !吸盘2吸取
        MoveL p60, v800, fine, tool0;
        MoveJ p150, v800, fine, tool0;
        MoveJ p160, v800, fine, tool0;
        MoveJ p170, v800, fine, tool0;
        MoveL p180, v800, fine, tool0;
        WaitTime 1;
        Reset do35; !吸盘2放下
        MoveL p190, v800, fine, tool0;
        Set do37; !内部打磨启动
        Reset do37; !内部打磨停止
```

```
        MoveJ phome2, v800, fine, tool0;
    ENDPROC
    PROC main( )
        rInitAll; !执行初始化机器人程序
        WHILE TRUE DO
            IF di5 = 1 THEN
                rTake; !执行取料外部打磨程序
                rPut; !执行放料内部打磨程序
            ENDIF
        ENDWHILE
    ENDPROC
ENDMODULE
```

3）内部抛光打磨机器人程序

```
MODULE Module1
    PROC main( )
        WHILE TRUE DO
            IF di6 = 1 THEN
                rPolish; !执行内部打磨程序
            ENDIF
        ENDWHILE
    ENDPROC
    PROC rPolish( )
        MoveJ phome3, v1000, fine, tool0;
        MoveJ p10, v1000, fine, tool0;
        MoveL p20, v1000, fine, tool0;
        MoveJ Offs( p20, 0, -30, 0 ), v200, fine, tool0;
        MoveC Offs( p20, 30, 0, 0 ), Offs( p20, 0, 30, 0 ), v100, fine, tool0;
        MoveC Offs( p20, -30, 0, 0 ), Offs( p20, 0, -30, 0 ), v100, fine, tool0;
        MoveJ p20, v1000, fine, tool0;
        MoveJ p10, v1000, fine, tool0;
        MoveJ phome3, v1000, fine, tool0;
        Set do39; !打磨完成,气缸推动物料至传送带
        Reset do39; !气缸收回
    ENDPROC
ENDMODULE
```

4）激光打标卷边上下料机器人程序

```
MODULE Module1
    PROC main( )
        rInitAll; !执行初始化机器人程序
```

```
        WHILE TRUE DO
            IF di7 = 1 THEN
                    rLaser；!执行激光打标程序
                    rCrimp；!执行自动卷边程序
            ENDIF
        ENDWHILE
ENDPROC
PROC rInitAll( )
    AccSet 50,80；
    VelSet 50, 1000；
    Reset do40；!放下吸盘3
    Reset do41；!加热冷却停止
    Reset do42；!激光打标停止
    Reset do43；!卷边机停止
    MoveJ phome4, v1000, fine, tool0；
ENDPROC
PROC rLaser( )
    MoveJ phome4, v1000, fine, tool0；
    MoveJ p10, v1000, fine, tool0；
    MoveL p20, v1000, fine, tool0；
    WaitTime 1；
    Set do40；!吸盘3吸取
    MoveL p30, v1000, fine, tool0；
    MoveJ p40, v1000, fine, tool0；
    MoveJ p50, v1000, fine, tool0；
    MoveJ p60, v1000, fine, tool0；
    MoveL p70, v1000, fine, tool0；
    WaitTime 1；
    Reset do40；!吸盘3放下
    MoveL p60, v1000, fine, tool0；
    Set do42；!激光打标启动
    Reset do42；!激光打标停止
    WaitTime 5；
    MoveL p70, v1000, fine, tool0；
    WaitTime 1；
    Set do40；!吸盘3吸取
    MoveL p60, v1000, fine, tool0；
ENDPROC
PROC rCrimp( )
    MoveJ p80, v1000, fine, tool0；
    MoveJ p90, v1000, fine, tool0；
    MoveL p100, v1000, fine, tool0；
    WaitTime 1；
```

```
        Reset do40;!吸盘3放下
        WaitTime 1;
        MoveL p110, v1000, fine, tool0;
        MoveL p90, v1000, fine, tool0;
        MoveJ p80, v1000, fine, tool0;
        Set do43;!卷边机启动
        Reset do43;!卷边机停止
        WaitTime 13;
        MoveJ p90, v1000, fine, tool0;
        MoveL p110, v1000, fine, tool0;
        MoveL p100, v1000, fine, tool0;
        WaitTime 1;
        Set do40;!吸盘3吸取
        MoveL p90, v1000, fine, tool0;
        MoveJ p80, v1000, fine, tool0;
        MoveL y300, v1000, fine, tool0;
        MoveJ p120, v1000, fine, tool0;
        MoveL p130, v1000, fine, tool0;
        WaitTime 0.5;
        Reset do40;!吸盘3放下
        Set do41;!加热冷却启动
        Reset do41;!加热冷却停止
        MoveL p120, v1000, fine, tool0;
        MoveL y300, v1000, fine, tool0;
        MoveJ phome4, v1000, fine, tool0;
    ENDPROC
ENDMODULE
```

5）码垛机器人程序

```
MODULE Module1
    PROC main( )
        rIninAll;!执行初始化机器人程序
        WHILE TRUE DO
            IF di14 = 1 THEN
            rLocation;!执行位置计算程序
            RPick;!执行夹取程序
            rCount;!执行计数程序
        ENDIF
      ENDWHILE
    ENDPROC
    PROC RPick( )
        MoveJ phome5, v1000, fine, tool0;
```

```
            MoveJ Offs( ppick, 0, 0, 150 ), v1000, fine, tool0;
            MoveL ppick, v1000, fine, tool0;
            WaitTime 1;
            Set do44; !吸盘4吸取
            MoveJ Offs( ppick, 0, 0, 150 ), v1000, fine, tool0;
            MoveJ phome5, v1000, fine, tool0;
            MoveJ Offs( pplace, 0, 0, 150 ), v1000, fine, tool0;
            MoveL pplace, v1000, fine, tool0;
            WaitTime 1;
            Reset do44; !吸盘4放下
            MoveJ Offs( pplace, 0, 0, 150 ), v1000, fine, tool0;
            MoveJ phome5, v1000, fine, tool0;
        ENDPROC
    PROC rIninAll( )
            AccSet 50,80;
            VelSet 50,1000;
            Reset do44; !吸盘4放下
            flag1 : = FALSE;
            reg1 : = 1;
            MoveJ phome5, v1000, fine, tool0;
    ENDPROC
    PROC rCount( )
            reg1 : = reg1 + 1;
            IF reg1 > 6 THEN
                flag1 : = TRUE;
                reg1 : = 1;
        ENDIF
    ENDPROC
    PROC rLocation( )
        IF di14 = 1 AND flag1 = FALSE THEN
                ppick : = ppickleft;
                pplace : = pplaceleft;
                TEST reg1
                CASE 1: pplace : = pplaceleft;
                CASE 2: pplace : = Offs( pplace, 0, 240, 0 );
                CASE 3: pplace : = Offs( pplace, 240, 0, 0 );
                CASE 4: pplace : = Offs( pplace, 240, 240, 0 );
                CASE 5: pplace : = Offs( pplace, 480, 0, 0 );
                CASE 6: pplace : = Offs( pplace, 480, 240, 0 );
                ENDTEST
            ENDIF
        ENDPROC
ENDMODULE
```

4.2.6　生产线仿真分析

实际的生产线中常常以 PLC 作为中央控制器，采用 Profibus 现场总线，利用 PLC 与机器人等外围设备的 I/O 板进行连接，接收和处理冲压机、输送链、输出线和工业机器人等发送来的信号，从而执行相应的操作。在 RobotStudio 仿真软件中，Smart 组件的功能和应用类似于 PLC。只要将工作站的 I/O 信号和工业机器人的 I/O 信号相关联，模拟 PLC 的功能，与每个工作站和机器人进行数据通信，即可模拟生产现场，离线编写机器人的程序和调试，实现整条生产线的规划和调整。

不锈钢盆生产线在完成工作站的空间设计、三维模型建立、设计并创建机械装置、Smart 组件的设计连接、工作站之间的逻辑控制、机器人系统创建和离线示教编程、I/O 信号连接等。单击"仿真控制"选项卡的"播放"运行，从原料进入传送带 1 到 AGV 小车卸货后返回原位置为一个运行周期。整条生产线由于不同工序加工时间不同或者单机器人负责双工序的情况，可能导致流水线某个工序出现堆积材料的情况，通过不停调试，找到机器人的最佳运行速度，保证每个工序的实时效率。机器人示教每个点的位置后，我们进行了一次仿真，第一次仿真周期一共进行了 368.2s 模拟时间，如图 4-11 所示，可见码垛机器人在 368.2s 内码垛了 6 个成品，从原材料到成品，平均每个成品生产耗时 61s 左右，这还只是对单个产品加工进行设计的，相比于传统人工生产就已经具有更高的效率，还能保证每个产品的加工质量，由此可见，该生产线是可行的。

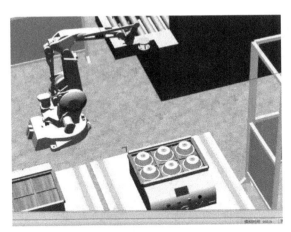

图 4-11　仿真效果

4.3　刹车盘自动生产线虚拟仿真系统

刹车盘自动生产线虚拟仿真系统主要由压铸成型装置、立式加工中心装置、多个不合格产品回收装置、用于加工的手爪变位机、打磨变位机、快换工具放置台、打孔机器人、划线机器人、打磨机器人、喷涂机器人、搬运机器人、码垛机器人、视觉检测装置、冲洗装置、烘干装置、AGV 智能小车以及其他外围设备组成。生产工作站通过 Smart 组件和工作站逻辑设定代替 PLC、Ethernet、Profibus 等现场总线，完成了虚拟仿真系统中各设备的连接，以及外围设备、建立设备之间的通信和管理，实现机器人在各个站位之间的出料机出料、上下料、粗加工、精加工、运转、多个不及格品的检测与筛选、机器人打孔画线、机器人打磨、机器人喷涂、外围设备检测、机器人码垛、AGV 小车搬运等工作。仿真工作站如图 4 - 12 所示。

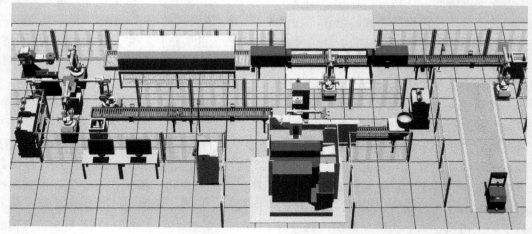

图 4 - 12　刹车盘自动生产线虚拟仿真系统

4.3.1　典型工作站

1）盘体的压铸装置

压铸装置用于对工件的初步外形进行冲压加工。它主要由冲压气缸、冲压头、安装板等组成。其工作原理为：原料被搬运机器人搬运到压铸机里的刹车盘磨具上，然后经过压铸机的冲压，在外力的作用下变形成刹车盘模具的外形，如图 4 - 13 所示。

图 4 - 13　压铸装置

2）立式加工中心装置

经过压铸机冲压成型后，物料由搬运机器人搬运到立式加工中心进行进一步的粗加工。毛坯在经过加工中心加工后，完成对物料的粗加工，此虚拟仿真系统中运用 Smart 组件完成加工中心与搬运机器人的通信，如图 4 - 14 所示。

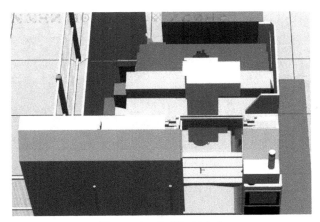

图 4 - 14　立式加工中心

3）检测装置

视觉检测就是用机器代替人眼来做测量和判断。在刹车盘生产仿真中多处用到了视觉检测，以用来检测产品加工过程是否存在不良产品，其中半成品质量检测以及成品的质量检测如图 4 - 15 所示。

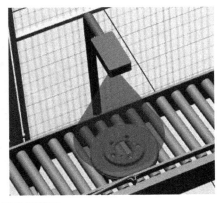

图 4 - 15　半成品及成品检测装置

4）打孔及画线工作站

刹车盘的打孔和画线由两台机器人组成的加工系统通过激光切割来实现。刹车盘半成品由搬运机器人搬运放到手爪变位机上，在手爪变位机与两台机器人的通信下，打孔机器人在工件正面进行打孔（激光切割），另外画线机器人则在工件背面通过激光切割进行画线作业，如图 4 - 16 所示。

图 4 – 16　画线工作站

5）打磨工作站

在汽车刹车盘生产仿真工作站中，两处使用了变位机，以用来辅助机器人工作。其中，在打磨工序中采用了系统自带的变位机，其有两个自由度，一个自由度可以绕着 X 轴旋转，另一个自由度可以绕着 Z 轴旋转。经过打孔画线后，打磨工序的机器人先通过快换工具功能换上吸盘，然后把工件从打孔画线工序上搬运放置到变位机上以方便机器人打磨，最后通过快换工具功能换上打磨工具对工件进行打磨。辅助机器人打磨的变位机如图 4 – 17 所示。

图 4 – 17　打磨工作站

6）冲洗及烘干装置

在汽车刹车盘生产线中，烘干前的一个生产步骤是清洗，而后一工艺是机器人的喷涂作业。在喷涂过程中，需要保证工件表面足够干燥，以提高在喷涂完后工件检测的合格率。传统的制造业，一般通过自然烘干或风力风干，但效率比较低，影响下一步加工的进行。因此在本仿真装置中利用烘干柜进行热能烘干，以便能大大提高效率。冲洗及烘干装置如图 4 – 18 所示。

图 4 - 18　清洗烘干装置

7）喷涂工作站

虚拟仿真系统的喷涂工作站为独立系统，其喷涂的工作由机器人的输送链跟踪喷涂完成，其中主要由工业相机、机器人及喷涂设备组成。PLC 将收集到的工业相机、控制机器人、喷涂设备的信号进行统一处理计算，形成一个闭环的自补偿自动化控制系统，从而实现了输送链跟踪喷涂的工作要求。输送链跟踪喷涂，在喷涂过程中，由于喷涂的漆料具有一定的环节污染影响，在喷涂工作站的设计中，添加了一个完全与外界隔绝的喷涂加工环境，以免造成在实际加工过程中喷涂对环境的污染（由于需要用于展示，虚拟仿真工作站中喷涂系统的隔离区域为半透明区域），如图 4 - 19 所示。

图 4 - 19　喷涂工作站

8）码垛工作站

机器人码垛工序包括了不合格产品的回收、合格产品的码垛。工件经过工业相机的检测，将检测到的合格或不合格的信号分别输出给 PLC 处理，PLC 再将信号输出给机器人。若产品不合格则执行回收程序，若合格则进行码垛程序。机器人码垛系统如图 4 - 20 所示。

图 4 - 20　码垛工作站

4.3.2　系统工作流程

刹车盘的虚拟仿真系统，加工成品的尺寸为 294mm × 22 mm，由图 4 - 21 加工成品俯视图可知，工件上方加工成品有多个孔，主要用于与汽车的安装与连接。

图 4 - 21　加工成品俯视图

生产流程为：输料机出料，由输送带将毛坯物料输送至取料机器人取料位置处，由机器人抓取原料放入冲压机床，冲压完成后取料机器人抓取放入加工中心，取料机器人将加工工件抓取放入传送带上，经由传送带上方检测装置检测（若不合格将由搬运机器人抓取放入回收器皿中），合格的工件由搬运机器人抓取放入手爪变位机固定，打孔机器人和画线机器人进入指定工位同时对工件进行打孔及画线工作，结束后打磨机器人抓取工件放入打磨变位机，打磨机器人换上打磨头对工件进行打磨抛光，完成打磨后打磨机器人换上吸盘抓取工件放入传送带上，工件经过传送带上的冲洗区域、烘干区域，对工件进行清洗及烘干，之后由喷涂机器人进行喷涂工作，喷涂完成后传送带继续将物料带入传送带的烘干区域再次对物料上的漆进行烘干，烘干区域另一端传送带上方由检测装置进行工件检测（若不合格，码垛机器人抓取不合格工件放入回收器皿中），码垛机器人抓取合格工件依次码进码垛（单层 12 个），堆满后由 AGV 小车运走。生产线运行模式如表 4 - 9 所示。

表 4 - 9　生产线运行模式

序号	作业的工序	作业的内容	备注
1	工件准备、系统启动	①原料的准备、到位 ②工件类型、数量设定 ③按启动按钮	由人工来完成
2	机器人上电启动，原料由取料机器人放上压铸机	①原料被放料机器人取出 ②原料被放置在冲压机床上 ③等待加工的信号	
3	加工中心的加工	①放料机器人从压铸机中取出工件放入加工中心加工区域 ②固定夹子将原料固定 ③放料机器人离开，准备重新吸取原料 ④钻头进行复杂的钻孔 ⑤加工中心输出信号，工件取走	
4	检测装置检测 1	搬运机器人把合格的半成品放置在手爪变位机上，对不合格的半成品则放入回收器皿中	
5	手爪变位机的加工	①搬运机器人抓取工件，并放置在变位机固定位置上 ②打孔机器人和画线机器人进行打孔和画线 ③加工完成，变位机复位，两用机器人将工件取走	
6	打磨变位机的加工	①两用机器人把工件放在变位机上，变位机固定夹将工件固定 ②两用机器人将吸具换成打磨工具对工件进行打磨 ③打磨结束，两用机器人把打磨工具换成吸具并将工件放上输送带	
7	清洗打磨后的工件屑末，以及清洗后工件的烘干	输送带将工件送入清洗、烘干装置清洗工件并烘干	
8	机器人喷涂作业	喷涂机器人对工件进行喷涂	
9	检测装置检测 2	工件再次被烘干后，检查装置对成品检测	
10	机器人码垛作业	码垛机器人对合格的成品进行码放，对不合格成品则放入回收器皿中	
11	成品运输	由 AGV 小车完成成品的运输	

4.3.3　生产线程序

1）取料机器人程序

```
MODULE Module1
PROC main( )
WHILE TRUE DO
            Path_10;
ENDWHILE
ENDPROC
    PROC Path_10( )
        MoveJ Target_10,v1000,z100,XiPan \ WObj: = wobj0;
        MoveJ offs(Target_20,0,0,100),v1000,z100,XiPan \ WObj: = wobj0;
        WaitDI di_BoxInPos1,1;
        MoveJ Target_20,v1000,fine,XiPan \ WObj: = wobj0;
        SetDO do_VacuumTool0,1;
        WaitTime 0. 2;
        MoveJ offs(Target_20,0,0,100),v1000,z100,XiPan \ WObj: = wobj0;
        MoveJ Target_40,v1000,z100,XiPan \ WObj: = wobj0;
        MoveJ offs(Target_30,0,0,20),v1000,z100,XiPan \ WObj: = wobj0;
        MoveJ Target_30,v1000,fine,XiPan \ WObj: = wobj0;
        SetDO do_VacuumTool0,0;
        WaitTime 0. 2;
        MoveJ offs(Target_30,0,0,20),v1000,z100,XiPan \ WObj: = wobj0;
        MoveJ Target_40,v1000,fine,XiPan \ WObj: = wobj0;
        PulseDO do_PunchWork0;
        WaitTime 1. 2;
        PulseDO do_VacuumToolclear0;
WaitDI di_BoxInPos2,1;
        MoveJ offs(Target_30,0,0,20),v1000,z100,XiPan \ WObj: = wobj0;
        MoveJ offs(Target_30,0,0, - 15),v1000,fine,XiPan \ WObj: = wobj0;
        SetDO do_VacuumTool0,1;
        WaitTime 0. 2;
        MoveJ offs(Target_30,0,0,20),v1000,z100,XiPan \ WObj: = wobj0;
        MoveJ Target_40,v1000,z100,XiPan \ WObj: = wobj0;
        PulseDO do_Punch_Done0;
        MoveJ Target_10,v1000,z100,XiPan \ WObj: = wobj0;
        MoveL Target_60,v1000,z100,XiPan \ WObj: = wobj0;
        MoveL offs(Target_50,0,0,100),v1000,z100,XiPan \ WObj: = wobj0;
        MoveL offs(Target_50,0,0, - 15),v1000,fine,XiPan \ WObj: = wobj0;
        SetDO do_VacuumTool0,0;
        WaitTime 0. 2;
        MoveL offs(Target_50,0,0,100),v1000,z100,XiPan \ WObj: = wobj0;
```

```
        MoveL Target_60,v1000,z100,XiPan \ WObj: = wobj0;
        MoveJ Target_10,v1000,fine,XiPan \ WObj: = wobj0;
        PulseDO do_CNCWork0;
        WaitTime 2.2;
        PulseDO do_VacuumToolclear0;
        WaitDI di_BoxInPos3,1;
        MoveL Target_60,v1000,z100,XiPan \ WObj: = wobj0;
        MoveL offs(Target_50,0,0,100),v1000,z100,XiPan \ WObj: = wobj0;
        MoveL offs(Target_50,0,0, - 15),v1000,fine,XiPan \ WObj: = wobj0;
        SetDO do_VacuumTool20,1;
        WaitTime 0.2;
        MoveL offs(Target_50,0,0,100),v1000,z100,XiPan \ WObj: = wobj0;
        MoveL Target_60,v1000,z100,XiPan \ WObj: = wobj0;
        MoveJ Target_10,v1000,z100,XiPan \ WObj: = wobj0;
        PulseDO do_CNC_DONE0;
        MoveJ Target_40,v1000,z100,XiPan \ WObj: = wobj0;
        MoveL offs(Target_70,0,0,20),v1000,fine,XiPan \ WObj: = wobj0;
        WaitDI di_BoxInPos4,0;
        MoveL offs(Target_70,0,0, - 10),v1000,fine,XiPan \ WObj: = wobj0;
        SetDO do_VacuumTool20,0;
        WaitTime 0.2;
        MoveL offs(Target_70,0,0,100),v1000,z100,XiPan \ WObj: = wobj0;
        PulseDO do_Punch_CNC_Done0;
        MoveJ Target_40,v1000,z100,XiPan \ WObj: = wobj0;
        MoveJ Target_10,v1000,z100,XiPan \ WObj: = wobj0;
    ENDPROC
ENDMODULE
```

2）搬运机器人程序

```
MODULE Module1
PERS tasks task_list1{2} : = [ ["T_ROB1"],["T_ROB2"] ];
VAR syncident sync1;
PROC main( )
        MoveJ Target_10,v1000,z100,XiPan \ WObj: = wobj0;
WHILE TRUE DO
        MoveJ Offs(Target_20,0,0,100),v1000,z100,XiPan \ WObj: = wobj0;
        WaitDI di_BoxInPos4,1;
        MoveJ Target_20,v1000,fine,XiPan \ WObj: = wobj0;
        SetDO do_VacuumTool1,1;
        WaitTime 0.2;
        MoveJ Offs(Target_20,0,0,200),v1000,z100,XiPan \ WObj: = wobj0;
```

```
IF di_Unqualified0 = 1 THEN
                MoveJ Offs(Target_30,0,0,100),v1000,z100,XiPan \ WObj: = wobj0;
                MoveJ Target_30,v1000,fine,XiPan \ WObj: = wobj0;
                SetDO do_VacuumTool1,0;
                WaitTime 0.2;
                PulseDO do_delete0;
                MoveJ Offs(Target_30,0,0,100),v1000,z100,XiPan \ WObj: = wobj0;
ELSE
                WaitDI di_BoxInPos5,0;
                WaitTime 1;
                MoveJ Target_40,v1000,z100,XiPan \ WObj: = wobj0;
                MoveJ Target_60,v1000,z100,XiPan \ WObj: = wobj0;
                MoveJ Target_50,v1000,fine,XiPan \ WObj: = wobj0;
                SetDO do_VacuumTool1,0;
                WaitTime 0.2;
                Set do_Attcher0;
                WaitTime 0.5;
                MoveJ Target_60,v1000,z100,XiPan \ WObj: = wobj0;
                MoveJ Target_40,v1000,z100,XiPan \ WObj: = wobj0;
                Reset do_Attcher0;
                MoveJ Target_10,v1000,z100,XiPan \ WObj: = wobj0;
                PulseDO do_step1;
                WaitTime 0.5;
                WaitSyncTask sync1,task_list1;
ENDIF
ENDWHILE
ENDPROC
ENDMODULE
```

3）打孔机器人程序

```
MODULE Module1
    PERS tasks task_list1{2} : = [["T_ROB1"],["T_ROB2"]];
PERS tasks task_list2{2} : = [["T_ROB2"],["T_ROB3"]];
VAR syncident sync1;
VAR syncident sync2;
PROC main()
        MoveJ Target_10,v1000,fine,MyTool \ WObj: = wobj0;
WHILE TRUE DO
            Path_10;
ENDWHILE
ENDPROC
```

```
PROC Path_10( )
    WaitSyncTask sync1,task_list1;
    MoveJ Offs(Target_20,0,0,100),v1000,fine,MyTool \ WObj: = wobj0;
    MoveJ Target_20,v1000,fine,MyTool \ WObj: = wobj0;
    MoveJ Target_30,v1000,fine,MyTool \ WObj: = wobj0;
    MoveC Target_40,Target_50,v1000,fine,MyTool \ WObj: = wobj0;
    MoveC Target_60,Target_70,v1000,fine,MyTool \ WObj: = wobj0;
    MoveJ Offs(Target_20,0,0,100),v1000,fine,MyTool \ WObj: = wobj0;
    MoveJ Offs(Target_80,0,0,100),v1000,fine,MyTool \ WObj: = wobj0;
    MoveJ Target_90,v1000,fine,MyTool \ WObj: = wobj0;
    MoveC Target_100,Target_110,v1000,fine,MyTool \ WObj: = wobj0;
    MoveC Target_120,Target_130,v1000,fine,MyTool \ WObj: = wobj0;
    MoveJ Offs(Target_80,0,0,100),v1000,fine,MyTool \ WObj: = wobj0;
    MoveJ Offs(Target_140,0,0,100),v1000,fine,MyTool \ WObj: = wobj0;
    MoveJ Target_150,v1000,fine,MyTool \ WObj: = wobj0;
    MoveC Target_160,Target_170,v1000,fine,MyTool \ WObj: = wobj0;
    MoveC Target_180,Target_190,v1000,fine,MyTool \ WObj: = wobj0;
    MoveJ Offs(Target_140,0,0,100),v1000,fine,MyTool \ WObj: = wobj0;
    MoveJ Offs(Target_200,0,0,100),v1000,fine,MyTool \ WObj: = wobj0;
    MoveJ Target_210,v1000,fine,MyTool \ WObj: = wobj0;
    MoveC Target_220,Target_230,v1000,fine,MyTool \ WObj: = wobj0;
    MoveC Target_240,Target_250,v1000,fine,MyTool \ WObj: = wobj0;
    MoveJ Offs(Target_200,0,0,100),v1000,fine,MyTool \ WObj: = wobj0;
    MoveJ Offs(Target_260,0,0,100),v1000,fine,MyTool \ WObj: = wobj0;
    MoveJ Target_270,v1000,fine,MyTool \ WObj: = wobj0;
    MoveC Target_280,Target_290,v1000,fine,MyTool \ WObj: = wobj0;
    MoveC Target_300,Target_310,v1000,fine,MyTool \ WObj: = wobj0;
    MoveJ Offs(Target_260,0,0,100),v1000,fine,MyTool \ WObj: = wobj0;
    MoveJ Offs(Target_320,0,0,100),v1000,fine,MyTool \ WObj: = wobj0;
    MoveJ Target_330,v1000,fine,MyTool \ WObj: = wobj0;
    MoveC Target_340,Target_350,v1000,fine,MyTool \ WObj: = wobj0;
    MoveC Target_360,Target_370,v1000,fine,MyTool \ WObj: = wobj0;
    MoveJ Offs(Target_320,0,0,100),v1000,fine,MyTool \ WObj: = wobj0;
    MoveJ Offs(Target_380,0,0,100),v1000,fine,MyTool \ WObj: = wobj0;
    MoveJ Target_390,v1000,fine,MyTool \ WObj: = wobj0;
    MoveC Target_400,Target_410,v1000,fine,MyTool \ WObj: = wobj0;
    MoveC Target_420,Target_430,v1000,fine,MyTool \ WObj: = wobj0;
    MoveJ Offs(Target_380,0,0,100),v1000,fine,MyTool \ WObj: = wobj0;
    MoveJ Offs(Target_440,0,0,100),v1000,fine,MyTool \ WObj: = wobj0;
    MoveJ Target_450,v1000,fine,MyTool \ WObj: = wobj0;
    MoveC Target_460,Target_470,v1000,fine,MyTool \ WObj: = wobj0;
    MoveC Target_480,Target_490,v1000,fine,MyTool \ WObj: = wobj0;
    MoveJ Offs(Target_440,0,0,100),v1000,fine,MyTool \ WObj: = wobj0;
```

```
        MoveJ Target_10,v1000,fine,MyTool \ WObj: = wobj0;
        PulseDO do_step2;
        WaitTime 0. 5;
        WaitSyncTask sync2,task_list2;
    ENDPROC
ENDMODULE
```

4）划线机器人程序

```
MODULE Module1
PERS tasks task_list2{2} : = [ ["T_ROB2"],["T_ROB3"]];
PERS tasks task_list3{2} : = [ ["T_ROB3"],["T_ROB4"]];
VAR syncident sync2;
VAR syncident sync3;
PROC main( )
        MoveJ Target_10,v2000,fine,MyTool \ WObj: = wobj0;
WHILE TRUE DO
            WaitSyncTask sync2,task_list2;
            Path_10;
            Path_10_9;
            Path_20;
            Path_20_2;
            Path_20_2_2;
            PulseDO do_step3;
            WaitTime 1;
            PulseDO do_Detacher0;
            WaitSyncTask sync3,task_list3;
ENDWHILE
ENDPROC
    PROC Path_10( )
        MoveJ Target_20,v2000,fine,MyTool \ WObj: = wobj0;
        MoveJ Target_30,v2000,fine,MyTool \ WObj: = wobj0;
        MoveC Target_40,Target_50,v2000,fine,MyTool \ WObj: = wobj0;
        MoveJ Target_60,v2000,fine,MyTool \ WObj: = wobj0;
        MoveC Target_70,Target_80,v2000,fine,MyTool \ WObj: = wobj0;
        MoveJ Target_90,v2000,fine,MyTool \ WObj: = wobj0;
        MoveJ Offs(Target_100,0,0,100),v2000,fine,MyTool \ WObj: = wobj0;
        MoveJ Target_100,v2000,fine,MyTool \ WObj: = wobj0;
        MoveC Target_110,Target_120,v2000,fine,MyTool \ WObj: = wobj0;
        MoveC Target_130,Target_140,v2000,fine,MyTool \ WObj: = wobj0;
        MoveJ Offs(Target_150,0,0,100),v2000,fine,MyTool \ WObj: = wobj0;
        MoveJ Target_150,v2000,fine,MyTool \ WObj: = wobj0;
        MoveC Target_160,Target_170,v2000,fine,MyTool \ WObj: = wobj0;
```

```
        MoveC Target_180,Target_190,v2000,fine,MyTool \ WObj:=wobj0;
        MoveJ Offs(Target_200,0,0,100),v2000,fine,MyTool \ WObj:=wobj0;
        MoveJ Target_200,v2000,fine,MyTool \ WObj:=wobj0;
        MoveC Target_210,Target_220,v2000,fine,MyTool \ WObj:=wobj0;
        MoveC Target_230,Target_240,v2000,fine,MyTool \ WObj:=wobj0;
ENDPROC
PROC Path_10_9()
        MoveJ Target_20_7,v2000,fine,MyTool \ WObj:=wobj0;
        MoveJ Target_30_7,v2000,fine,MyTool \ WObj:=wobj0;
        MoveC Target_40_7,Target_50_7,v2000,fine,MyTool \ WObj:=wobj0;
        MoveJ Target_60_7,v2000,fine,MyTool \ WObj:=wobj0;
        MoveC Target_70_7,Target_80_7,v2000,fine,MyTool \ WObj:=wobj0;
        MoveJ Target_90_7,v2000,fine,MyTool \ WObj:=wobj0;
        MoveJ Offs(Target_100_7,0,0,100),v2000,fine,MyTool \ WObj:=wobj0;
        MoveJ Target_100_7,v2000,fine,MyTool \ WObj:=wobj0;
        MoveC Target_110_7,Target_120_7,v2000,fine,MyTool \ WObj:=wobj0;
        MoveC Target_130_7,Target_140_7,v2000,fine,MyTool \ WObj:=wobj0;
        MoveJ Offs(Target_150_7,0,0,100),v2000,fine,MyTool \ WObj:=wobj0;
        MoveJ Target_150_7,v2000,fine,MyTool \ WObj:=wobj0;
        MoveC Target_160_7,Target_170_7,v2000,fine,MyTool \ WObj:=wobj0;
        MoveC Target_180_7,Target_190_7,v2000,fine,MyTool \ WObj:=wobj0;
        MoveJ Offs(Target_200_7,0,0,100),v2000,fine,MyTool \ WObj:=wobj0;
        MoveJ Target_200_7,v2000,fine,MyTool \ WObj:=wobj0;
        MoveC Target_210_7,Target_220_7,v2000,fine,MyTool \ WObj:=wobj0;
        MoveC Target_230_7,Target_240_7,v2000,fine,MyTool \ WObj:=wobj0;
ENDPROC
PROC Path_20()
        MoveJ Target_270,v2000,fine,MyTool \ WObj:=wobj0;
        MoveC Target_280,Target_290,v2000,fine,MyTool \ WObj:=wobj0;
        MoveJ Target_300,v2000,fine,MyTool \ WObj:=wobj0;
        MoveC Target_310,Target_320,v2000,fine,MyTool \ WObj:=wobj0;
        MoveJ Target_330,v2000,fine,MyTool \ WObj:=wobj0;
        MoveJ Offs(Target_340,0,0,100),v2000,fine,MyTool \ WObj:=wobj0;
        MoveJ Target_340,v2000,fine,MyTool \ WObj:=wobj0;
        MoveC Target_350,Target_360,v2000,fine,MyTool \ WObj:=wobj0;
        MoveC Target_370,Target_380,v2000,fine,MyTool \ WObj:=wobj0;
        MoveJ Offs(Target_390,0,0,100),v2000,fine,MyTool \ WObj:=wobj0;
        MoveJ Target_390,v2000,fine,MyTool \ WObj:=wobj0;
        MoveC Target_400,Target_410,v2000,fine,MyTool \ WObj:=wobj0;
        MoveC Target_420,Target_430,v2000,fine,MyTool \ WObj:=wobj0;
        MoveJ Offs(Target_440,0,0,100),v2000,fine,MyTool \ WObj:=wobj0;
        MoveJ Target_440,v2000,fine,MyTool \ WObj:=wobj0;
        MoveC Target_450,Target_460,v2000,fine,MyTool \ WObj:=wobj0;
```

```
        MoveC Target_470,Target_480,v2000,fine,MyTool \ WObj：= wobj0；
    ENDPROC
    PROC Path_20_2( )
        MoveJ Target_270_2,v2000,fine,MyTool \ WObj：= wobj0；
        MoveC Target_280_2,Target_290_2,v2000,fine,MyTool \ WObj：= wobj0；
        MoveJ Target_300_2,v2000,fine,MyTool \ WObj：= wobj0；
        MoveC Target_310_2,Target_320_2,v2000,fine,MyTool \ WObj：= wobj0；
        MoveJ Target_330_2,v2000,fine,MyTool \ WObj：= wobj0；
        MoveJ Offs( Target_340_2,0,0,100),v2000,fine,MyTool \ WObj：= wobj0；
        MoveJ Target_340_2,v2000,fine,MyTool \ WObj：= wobj0；
        MoveC Target_350_2,Target_360_2,v2000,fine,MyTool \ WObj：= wobj0；
        MoveC Target_370_2,Target_380_2,v2000,fine,MyTool \ WObj：= wobj0；
        MoveJ Offs( Target_390_2,0,0,100),v2000,fine,MyTool \ WObj：= wobj0；
        MoveJ Target_390_2,v2000,fine,MyTool \ WObj：= wobj0；
        MoveC Target_400_2,Target_410_2,v2000,fine,MyTool \ WObj：= wobj0；
        MoveC Target_420_2,Target_430_2,v2000,fine,MyTool \ WObj：= wobj0；
        MoveJ Offs( Target_440_2,0,0,100),v2000,fine,MyTool \ WObj：= wobj0；
        MoveJ Target_440_2,v2000,fine,MyTool \ WObj：= wobj0；
        MoveC Target_450_2,Target_460_2,v2000,fine,MyTool \ WObj：= wobj0；
        MoveC Target_470_2,Target_480_2,v2000,fine,MyTool \ WObj：= wobj0；
    ENDPROC
    PROC Path_20_2_2( )
        MoveJ Target_270_2_2,v2000,fine,MyTool \ WObj：= wobj0；
        MoveC Target_280_2_2,Target_290_2_2,v2000,fine,MyTool \ WObj：= wobj0；
        MoveJ Target_300_2_2,v2000,fine,MyTool \ WObj：= wobj0；
        MoveC Target_310_2_2,Target_320_2_2,v2000,fine,MyTool \ WObj：= wobj0；
        MoveJ Target_330_2_2,v2000,fine,MyTool \ WObj：= wobj0；
        MoveJ Offs( Target_340_2_2,0,0,100),v2000,fine,MyTool \ WObj：= wobj0；
        MoveJ Target_340_2_2,v2000,fine,MyTool \ WObj：= wobj0；
        MoveC Target_350_2_2,Target_360_2_2,v2000,fine,MyTool \ WObj：= wobj0；
        MoveC Target_370_2_2,Target_380_2_2,v2000,fine,MyTool \ WObj：= wobj0；
        MoveJ Offs( Target_390_2_2,0,0,100),v2000,fine,MyTool \ WObj：= wobj0；
        MoveJ Target_390_2_2,v2000,fine,MyTool \ WObj：= wobj0；
        MoveC Target_400_2_2,Target_410_2_2,v2000,fine,MyTool \ WObj：= wobj0；
        MoveC Target_420_2_2,Target_430_2_2,v2000,fine,MyTool \ WObj：= wobj0；
        MoveJ Offs( Target_440_2_2,0,0,100),v2000,fine,MyTool \ WObj：= wobj0；
        MoveJ Target_440_2_2,v2000,fine,MyTool \ WObj：= wobj0；
        MoveC Target_450_2_2,Target_460_2_2,v2000,fine,MyTool \ WObj：= wobj0；
        MoveC Target_470_2_2,Target_480_2_2,v2000,fine,MyTool \ WObj：= wobj0；
        MoveJ Target_10,v2000,fine,MyTool \ WObj：= wobj0；
    ENDPROC
ENDMODULE
```

5）机器人打磨块程序

```
MODULE Module1
PERS tasks task_list3｛2｝：=［［"T_ROB3"］,［"T_ROB4"］］;
VAR syncident sync3;!同步点的识别号
PROC main( )
        MoveJ Target_10,v1000,z100,Quickadapter \ WObj：= wobj0;!安全点
        r_PickVacuum;!快换头换上吸具
WHILE TRUE DO
        MoveJ Target_10,v1000,z100,Quickadapter \ WObj：= wobj0;
        WaitSyncTask sync3,task_list3;!同步机器人3、4程序任务
        Path_10;
        r_BlowVacuum;!快换头脱下吸具
        r_Pick_Polish;!快换头换上打磨头
        Path_20;!打磨轨迹
        Path_20;
        Path_20;
        Path_20;
        Path_30;
        Path_40;
        r_Blow_Polish;!快换头脱下打磨头
        r_PickVacuum;
        Path_50;!机器人把工件放上输送带
        MoveJ Target_10,v1000,z100,Quickadapter \ WObj：= wobj0;!机器人复位
ENDWHILE
ENDPROC
PROC r_PickVacuum( )
        MoveJ offs(Target_20,0,0,100),v1000,fine,Quickadapter \ WObj：= wobj0;
        MoveJ Target_20,v1000,fine,Quickadapter \ WObj：= wobj0;
        SetDO do_VacuumTool2,1;
        WaitTime 0.2;
        MoveJ Target_40,v1000,z100,Quickadapter \ WObj：= wobj0;
        MoveJ offs(Target_40,0,0,100),v1000,z100,Quickadapter \ WObj：= wobj0;
ENDPROC
PROC r_Pick_Polish( )
        MoveJ offs(Target_30,0,0,100),v1000,fine,Quickadapter \ WObj：= wobj0;
        MoveJ Target_30,v1000,fine,Quickadapter \ WObj：= wobj0;
        SetDO do_VacuumTool2,1;
        WaitTime 0.2;
        MoveJ Target_50,v1000,z100,Quickadapter \ WObj：= wobj0;
        MoveJ offs(Target_50,0,0,100),v1000,z100,Quickadapter \ WObj：= wobj0;
ENDPROC
PROC r_BlowVacuum( )
```

```
        MoveJ offs(Target_40,0,0,150),v1000,z100,Quickadapter \ WObj: = wobj0;
        MoveJ Target_40,v1000,z100,Quickadapter \ WObj: = wobj0;
        MoveJ Target_20,v1000,fine,Quickadapter \ WObj: = wobj0;
        SetDO do_VacuumTool2,0;
        WaitTime 0. 2;
        MoveJ offs(Target_20,0,0,100),v1000,fine,Quickadapter \ WObj: = wobj0;
ENDPROC
PROC r_Blow_Polish( )
        MoveJ Target_50,v1000,z100,Quickadapter \ WObj: = wobj0;
        MoveJ Target_30,v1000,fine,Quickadapter \ WObj: = wobj0;
        SetDO do_VacuumTool2,0;
        WaitTime 0. 2;
        MoveJ offs(Target_30,0,0,100),v1000,fine,Quickadapter \ WObj: = wobj0;
ENDPROC
PROC Path_10( )
        MoveJ Target_80,v1000,z100,Tool_Vacuum \ WObj: = wobj0;
        MoveJ Target_70,v1000,z100,Tool_Vacuum \ WObj: = wobj0;
        MoveJ Target_60,v1000,fine,Tool_Vacuum \ WObj: = wobj0;
        PulseDO do_step4;
        SetDO do_VacuumTool3,1;
        WaitTime 0. 1;
        MoveJ Target_70,v1000,z100,Tool_Vacuum \ WObj: = wobj0;
        MoveJ Target_80,v1000,z100,Tool_Vacuum \ WObj: = wobj0;
        MoveJ Target_90,v1000,z100,Tool_Vacuum \ WObj: = wobj0;
        MoveJ offs(Target_100,0,0,100),v1000,z100,Tool_Vacuum \ WObj: = wobj0;
        MoveJ offs(Target_100,0,0,25),v1000,fine,Tool_Vacuum \ WObj: = wobj0;
        SetDO do_VacuumTool3,0;
        SetDO do_Attcher1,1;
        WaitTime 0. 2;
        SetDO do_Attcher1,0;
        MoveJ offs(Target_100,0,0,100),v1000,fine,Tool_Vacuum \ WObj: = wobj0;
ENDPROC
PROC r_PolishTool( )
        MoveJ offs(Target_30,0,0,100),v1000,fine,Quickadapter \ WObj: = wobj0;
        MoveJ Target_30,v1000,fine,Quickadapter \ WObj: = wobj0;
        SetDO do_VacuumTool2,1;
        WaitTime 0. 2;
        MoveJ Target_50,v1000,z100,Quickadapter \ WObj: = wobj0;
        MoveJ offs(Target_50,0,0,100),v1000,z100,Quickadapter \ WObj: = wobj0;
    ENDPROC
    PROC Path_20( )
        MoveJ Target_110,v1000,z100,Tool_Polish \ WObj: = wobj0;
        MoveC Target_120,Target_130,v1000,z100,Tool_Polish \ WObj: = wobj0;
```

```
        MoveC Target_140,Target_150,v1000,z100,Tool_Polish \ WObj:=wobj0;
    ENDPROC
    PROC Path_30()
        MoveJ Target_210,v1000,z100,Tool_Polish \ WObj:=wobj0;
        MoveJ Target_160,v1000,z100,Tool_Polish \ WObj:=wobj0;
        MoveC Target_170,Target_180,v1000,z100,Tool_Polish \ WObj:=wobj0;
        MoveC Target_190,Target_200,v1000,z100,Tool_Polish \ WObj:=wobj0;
    ENDPROC
PROC Path_40()
        MoveJ Target_110,v1000,fine,Tool_Polish \ WObj:=wobj0;
        PulseDO do_step5;
        WaitTime 3;
        MoveJ Target_210,v1000,z100,Tool_Polish \ WObj:=wobj0;
        MoveJ Target_160,v1000,fine,Tool_Polish \ WObj:=wobj0;
        PulseDO do_step6;
        WaitTime 3;
ENDPROC
    PROC Path_50()
        MoveJ offs(Target_220,0,0,100),v1000,z100,Tool_Vacuum \ WObj:=wobj0;
        MoveJ offs(Target_220,0,0,0),v1000,fine,Tool_Vacuum \ WObj:=wobj0;
        SetDO do_Detacher1,1;
        SetDO do_VacuumTool3,1;
        WaitTime 0.2;
        SetDO do_Detacher1,0;
        MoveJ offs(Target_220,0,0,100),v1000,fine,Tool_Vacuum \ WObj:=wobj0;
        MoveJ Target_230,v1000,z100,Tool_Vacuum \ WObj:=wobj0;
        MoveJ offs(Target_240,0,0,100),v1000,z100,Tool_Vacuum \ WObj:=wobj0;
        MoveJ Target_240,v1000,fine,Tool_Vacuum \ WObj:=wobj0;
        SetDO do_VacuumTool3,0;
        WaitTime 0.2;
        MoveJ offs(Target_240,0,0,100),v1000,z100,Tool_Vacuum \ WObj:=wobj0;
        WaitDI di_BoxInPos6,0;
        PulseDO do_VacuumDone0;
    ENDPROC
ENDMODULE
```

6）喷涂机器人程序

```
MODULE Module1
VAR num Y:=0;
PROC main()
WHILE TRUE DO
        Path_10;
```

```
ENDWHILE
ENDPROC
    PROC Path_10( )
        VelSet 100,2600;
        MoveJ Target_20,v1000,fine,MyTool \ WObj: = wobj0;
        MoveJ Target_10,v1000,fine,MyTool \ WObj: = wobj0;
        WaitDI di_PaintBoxInPos0,1;
        WaitTime 1;
        MoveJ offs(Target_30,0,0,0),v4000,fine,MyTool \ WObj: = wobj0;
        SetDO do_PaintWork0,1;
FOR a FROM 1 TO 7 DO
            MoveJ offs(Target_30,0,Y,0),v4000,fine,MyTool \ WObj: = wobj0;
            MoveJ offs(Target_40,0,Y,0),v4000,fine,MyTool \ WObj: = wobj0;
            Y: = Y − 120;
            MoveJ offs(Target_40,0,Y,0),v4000,fine,MyTool \ WObj: = wobj0;
            MoveJ offs(Target_30,0,Y,0),v4000,fine,MyTool \ WObj: = wobj0;
ENDFOR
        MoveJ Target_20,v1000,fine,MyTool \ WObj: = wobj0;
        SetDO do_PaintWork0,0;
        Y: = 0;
        WaitTime 7;
        PulseDO do_ClearPaint0;
    ENDPROC
ENDMODULE
```

4.3.4　生产线仿真分析

汽车画线刹车盘自动生产线主要是模仿传统的人工生产线，包括生产工序、工艺要求等。通过对机器人系统的调试，改变机器人上下料的速度，调整机器人的运行轨道，配合机器设备的工作频率，严格把控刹车盘的盘身成型、冲压、打孔、打磨、刻线的作业时间。在保证产品质量的情况下，将自动生产线的生产工作频率调整至最佳最省时的工作状态，提高整体生产线的工作效率。在减少生产工位的同时，还将自动化设备和生产工序的方法进行了改良与创新，汽车画线刹车盘盘身自动生产线相比原来的人工的生产线工作效率有了明显的提高，而且可以长时间无间歇地工作，为生产提供了更好的时效性，秉承了可持续发展的理念，节省了大量的人力以及铁矿资源。调试完成后的生产线，无论是在时间的把控上还是在工件的摆放上，都远远优于传统的人工生产线，以至于可以更好地取代传统的人工生产线，且相对于传统的人工生产线工作效益更高，绩效更好。整个生产线系统在短短的 211.2s 的时间内就完成了整个汽车刹车盘生产线的制作以及加工过程，并且完成 12 个工件的码垛以及检测和搬运，如图 4 - 22 所示。仿真充分地体现与发挥了全自动化生产线的优势，相对于传统的人工生产线具有更高的时效性。

图 4 - 22　仿真效果

第5章 工业机器人创新应用虚拟仿真

5.1 职业技能等级任务

工业机器人创新应用虚拟仿真主要培养学生的工业机器人虚拟仿真创新创意能力，目的是针对工业机器人各行业的应用来巩固知识，启发学生的创新思维，锻炼学生对工业机器人工程应用的创新设计能力，尤其是设计的实用性和合理性，缩小虚拟仿真与工程实际应用的距离。本章以壶体加工及定制木窗生产为例展示其虚拟仿真系统。

5.2 热水壶生产虚拟仿真系统

5.2.1 仿真系统总体概述

目前，国内还存在许多由人工组成的加工生产线，其中也包括热水壶的加工生产。现在越来越多的行业不断加强自动化程度，在加快效率之余，还能保证生产的质量。所以本仿真系统的构建采用了热水壶的加工生产线，通过改善，让其成为无人化的自动生产线。但考虑到热水壶的塑料及线路安装部分比较繁琐，机器人还不能很好地完全代替人工，所以本次构建的是热水壶金属壶身虚拟仿真系统，专门负责热水壶壶身的成型、冲压、焊接、打磨等加工工序。工作过程完全由机器人及自动装置来取代人工，真正实现无人化的自动生产线。

传统人工生产线与现在自动化的要求相对比，把不符合自动化要求的工位进行改善，例如，原来壶身的成型需要弯料工位和焊接工位才能完成，通过改善后，将弯料和焊接工位合在一起，形成了现在虚拟系统中的成型机；原来配件的焊接需要通过人工方式逐个将工件固定在壶身上进行焊接，改善后焊接单元由IRB120机器人吸取工料固定工料。为保证生产线加工的持续性、流畅性，还加入了大量的传感器，实现机器与机器之间的信号交流。

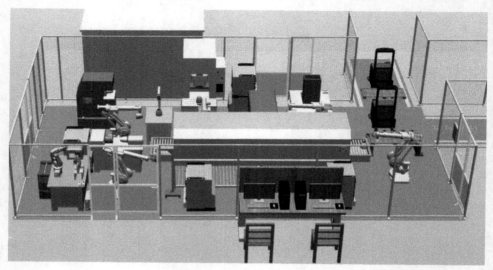

图5-1 生产线仿真系统

　　生产线仿真系统如图 5-1 所示。利用三维软件 SolidWorks 构建供料、成型、压铸、打磨、清洗、焊接等工作站及特定末端吸具的三维仿真模型，导入到 RobotStudio 环境中，完成整条生产线的布局工作。生产线的模拟仿真主要是在 RobotStudio 软件中进行。热水壶体自动化生产线虚拟仿真系统主要由管理工作站、抽屉式供料工作站、壶体成型工作站、壶体压铸工作站、打孔工作站、打磨工作站、视觉检测工作站、焊接工作站、清洗工作站、成品站、AGV 智能小车及其他外围设备组成。

5.2.2　仿真系统工作流程

　　首先，取料板机器人从抽屉式自动上料装置抓取一个弯曲料板，放入成型床的模具上进行成型加工和焊接加工。在成型床的另一端，冲压工位的机器人取下成型机加工好的工件，放到冲压机的模具上，机器人离开冲压机回到成型机旁继续吸取成型的工件。冲压床开始压铸工件，完成冲压后，机器人旋转夹具将冲压机模具上冲压完成的工件取出，然后把成型的工件继续放入冲压机，接着把冲压完成的工件则放到检测台上；检测完后，打孔工位的机器人吸取检测完毕的工件放到打孔机固定的位置，光电传感器检测到工件到位后，启动冲压装置进行打孔；打完孔后，打孔工位的机器人则把打孔后的工件放到打磨机中进行打磨；打磨完成后，机器人将打磨好的工件从打磨工位上取出，放到焊接单元的工位上；焊接工位上由机器人为焊接作业上料，依次焊上壶嘴以及手把螺母；焊接完成后，机器人从焊接工位上取下工件，放到检测装置检验是否合格；检验合格后由机器人放入清洗装置中进行清洗处理；清洗完成后，最后由码垛机器人码盘入库。整个工作站能实现机器人、机床、输送线相互通信，并有强制互锁程序，以确保机器人与其他设备之间不会发生任何碰撞。具体生产线连续运行模式如表 5-1 所示。

表 5-1　生产线连续运行模式

序号	作业工序	作业内容	备注
1	准备、系统启动	①弯曲板料的准备、到位 ②壶体数量设定	人工设置
2	供料工作站工作	①弯曲板料由机器人取出 ②弯曲板被放置在模具上 ③等待成型床相关信号	作业期间不仅会检测表面质量，还会检查产品粗糙度等是否合格
3	成型加工	①固定夹子把弯料板固定 ②机器人准备重新吸取料板 ③液压压板向中间靠拢 ④激光焊枪的升降、焊接 ⑤成型床复位，壶体取走	
4	冲压床的加工	①机器人把壶体放在模具上 ②机器人离开，冲压开始 ③冲压完成，机器人取走	
5	壶身打孔	①机器人取壶体放在打孔机的工位上，机器人持续夹持 ②放置完成，开始冲压打孔	

序号	作业工序	作业内容	备注
6	打磨	①机器人把打孔后的壶体放到打磨机的工位上 ②内撑夹具撑开，固定 ③机器人离开，打磨开始	作业期间不仅会检测表面质量，还会检查产品粗糙度等是否合格
7	焊接工位加工	①机器人将壶体从打磨机上取下，放到焊接工位上 ②内撑式夹具打开，固定工件 ③机器人吸取焊接工料，焊接开始	
8	视觉检测	①视觉检测合格，机器人送到下一个工位，否则放废料盒 ②机器人回到 home 点，进行下个壶体作业	
9	清洗作业	机器人将检测完好的壶体送到清洗装置	
10	码垛入库	①清洗的壶体由机器人码盘 ②最后 AGV 机器人入库	

5.2.3 仿真工作站介绍

1）抽屉式自动上料装置

在人工生产线上，上料大多数都是人工上料，为加工工位上工料，每次上料的位置难免都会有一定的差异。这里介绍用机器人代替人工工位上料，本仿真系统采用了抽屉式自动上料装置，确保了每次出料的位置都是机器人取料的定位，提高了机器运行的稳定性和高效性。

该部分的工作原理：工件垂直叠放在料仓中，推料缸处于料仓的底层并且其活塞杆可从料仓底部通过。当活塞杆在退回位置时，它与最下层工件处于同一水平位置，而顶料气缸则与次下层工件处于同一水平位置。在需要将工件推出到物料台上时，首先使夹紧气缸的活塞杆推出，压住次下层工件；然后使推料气缸活塞杆推出，从而把最下层工件推到物料台上。在推料气缸返回并从料仓底部抽出后，再使夹紧气缸返回，松开次下层工件。这样，料仓中的工件在重力的作用下，就自动向下移动一个工件，为下一次推动工件做好准备。其中，管形料仓和工件推出装置用于存储工件原料，并在需要时将料仓中最下层的工件推出到料台上。此装置主要由管形料仓、推料气缸、顶料气缸、磁感应接近开关、漫射式光电传感器组成。工作开始，载料台带着弯形的料板被气缸推出；机器人接收到信号之后，机器人通过特定的末端吸具将弯形料板吸起，弯形料板被吸走后，载料台收回料仓。推料气缸把工件推出到料台上，出料台面开有小孔，出料台下面设有一个圆柱形漫射式光电接近开关，工作时向上发出光线，从而透过小孔检测是否有工件存在，以便向系统提供本单元出料台有无工件的信号。在输送单元的控制程序中，即可利用该信号状态来判断是否需要驱动机械手装置来抓取工件，如图 5-2 所示。

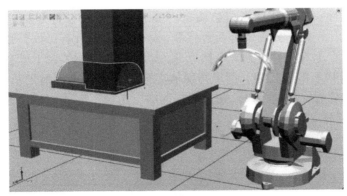

图 5-2　抽屉式上料装置图

2）壶身的成型装置

壶身的成型包括两个工序，一个是对弯料板的压制，另一个是对弯板交合的焊接。在人工生产线上，先是由工人将板料压弯，然后再到焊接工位由人工焊接起来，分别用到了两个工位，造成资源的浪费。

改造后，把板料压弯和焊接的工位二合一，壶身成型装置主要由工作台、模具、固定夹子、压板和可升降的激光焊枪组成。传统人工的生产线一般都是通过手动来压弯板料，然后再进行人工的焊接，不仅对人体健康造成伤害，而且存在着很大的安全隐患，焊接的工艺还得依靠工人的经验和手艺，合格率不能得到有效的保证。而在成型装置中，机器人把从载料台吸起的弯形板放在模具上，传感器把信号传给固定夹子，把弯料板固定在模具上，位于模具两侧的压板通过液压装置向模具合拢，合拢完毕之后位于顶部的激光焊枪会降下来，对准弯料板的结合处，从下沿着交合线往上焊，焊接完成后激光焊枪会升回原来的位置，紧接着压板和固定夹子都会恢复到原来的位置，弯料板的成型完成。如图 5-3 所示。

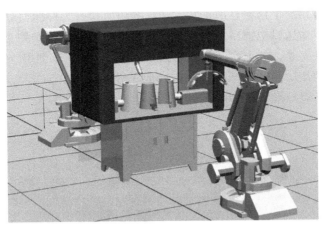

图 5-3　弯料板的成型装置

3）壶身的压铸装置

壶身压铸机用于对工件进行冲压加工。它主要由冲压气缸、冲压头、安装板等组成。冲压台的工作原理：当工件到达冲压位置，伸缩气缸活塞杆缩回到位，冲压气缸伸出对工件进行加工，完成加工动作后冲压气缸缩回，为下一次冲压做准备。冲压根据工件的要求对工件进行加工，冲头安装在冲压气缸头部。安装板用于安装冲压缸，对冲压缸进行固定。在料台上安装一个漫射式光电开关传感器。若加工台上没有工件，则漫射式光电开关处于常态；若加工台上有工件，则光电接近开关动作，表明加工台上已有工件。该光电传感器输出信号送到 PLC 的输入端，用于判别加工台上是否需进行加工；当加工过程结束，加工台伸出到初始位置。同时，PLC 通过通信网络，把加工完成信号反馈给系统，以协调控制，如图 5-4 所示。

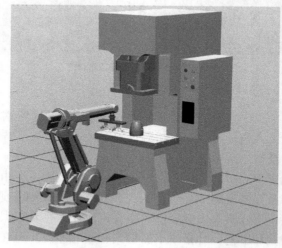

图 5-4　压铸装置

4）打孔装置

加工台用于固定被加工工件，并把工件移到加工（冲压）机构正下方进行冲压加工。它主要由加工台伸缩气缸、直线导轨、磁感应接近开关、漫射式光电传感器组成。滑台加工台的工作原理：滑动加工台在系统正常工作后的初始状态为伸缩气缸伸出、加工台气动手指张开的状态，当输送机把物料送到台上，物料检测传感器检测到工件后，PLC 控制程序按驱动气动将工件夹紧，加工台回到加工区域冲压气缸下方，冲压气缸活塞向下伸出冲压工件，完成冲压动作后向上缩回，到位后完成工件加工，并向系统发出加工完成信号，为下一次工件的加工做好准备，如图 5-5 所示。

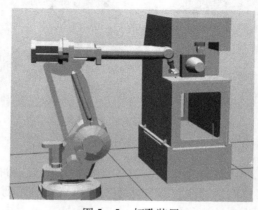

图 5-5　打孔装置

5）打磨装置

在传统的人工制作过程中，工件的打磨依靠的是工人用手工拿着工件在砂轮机上进行打磨，打磨的好坏完全依靠工人肉眼来判断，所以壶身外侧的打磨质量得不到可靠的保证。

针对传统生产线人工打磨的弊端，专门改造了打磨装置。由于壶身存在曲面，用打磨机器人打磨操作会比较麻烦，所以打磨则选用磨床。打磨装置负责的是焊缝还有冲压打孔所产生的毛刺。打磨装置主要是由磨床、包裹式打磨工具和可给进式气动夹具组合而成的。打磨工具的设计对此工作站是至关重要的，它决定着工件表面打磨的加工质量，而软性打磨工具相比硬性的打磨工具可以有效降低位置误差对工件产生的冲击力，所以本打磨装置的打磨工件会选用软性打磨工具。由于是包裹式的打磨工具，可以通过控制进给速度来调整打磨的压力，大大提高打磨的效率和质量，如图 5-6 所示。

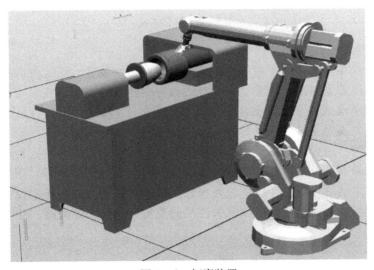

图 5-6　打磨装置

6）焊接工作站

焊接工作站主要负责的是配件（壶嘴 + 手把螺丝）的焊接。焊接工作站上包括工件自动上料机、IRB120 机器人、气动内撑式夹紧工位及可移动式焊针。上料方式与抽屉式自动上料装置一样，分别有壶嘴的自动上料和手把螺丝的自动上料。焊接工件的固定则由同一工作站的 IRB120 机器人负责，依次从自动上料机吸取焊接所需的工件，先是吸取壶嘴，焊接完壶嘴回来再吸取手把螺丝进行焊接，以此不断循环。焊接部分则由焊针完成，机器人把工件固定在壶身的指定位置，先是在壶嘴底下需要焊接的部位点焊一下固定工件，随即离开去吸取手柄安件。焊手柄安件也是以同样的方式进行。而焊接的轨迹由焊针的摆动与壶身的转动结合而形成，控制焊针沿着壶嘴和手把螺母的轨迹焊接。以数字化的焊接形式，既保证了焊接产品的质量，还不会让人身健康受到威胁，如图 5-7 所示。

图 5 - 7　焊接装置

7）检测装置

因为在传统的加工生产线上很少会用到视觉识别检测装置，而工件的加工是否合格完全是依靠工人的经验来判断，不能确保生产线该有的严谨性，所以在本次虚拟仿真工作站中加入了视觉识别检测装置。检测装置是对加工后的工件进行检测，检测是否加工合格，通过信号的传递，决定工件应该进行下一步工序还是放入废料箱。

其工作原理为：通过机器视觉产品将被摄取目标转换成图像信号，传送给专用的图像处理系统，根据像素的分布、亮度和颜色等信息，转变为数字化信号，图像系统对这些信号进行各种运算来抽取目标的特征，进而根据判断的结果来控制现场的设备进行一系列的操作。检测装置的加入，会让生产出来的产品的质量得到很大的提高，如图 5 - 8 所示。

图 5 - 8　检测装置

8）清洗装置

在传统热水壶加工生产线中清洗只是将加工好的金属穿成一串，然后再通过一个水池的简单浸泡，最后上架自然风干。以这种形式不能足以将壶身的粉尘清洗干净，而且自然风干的效率也比较低，会影响下一步加工的进行。

改进后的清洗装置是一个长约 4 米的清洗柜，由 2 米长的清洗部分和 2 米长的烘干部分组成。如图 5 - 9 所示。清洗装置主要负责对进行了打磨和焊接后工件的清洗，将壶身上打磨残留的粉尘及焊接残留的焊渣清洗干净，而且多了加温烘干装置，代替了原来的自然晾干工序。清洗部分采用了喷洗的方式，对通过清洗装置的工件进行全方位无死角的清洗，大大提高了工件清洗的质量；而加热部分则使用了电热丝加热的方式，通过调节温度的高低，可以确保工件出来后完全干透。

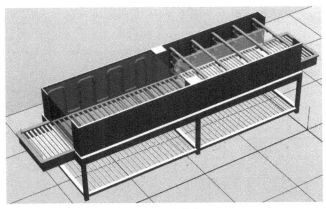

图 5 - 9　清洗装置

5.2.4　机器人末端吸具的设计

机器人末端吸具的设计，主要考虑的是机器人吸取工件的方式以及工件的外形特点。因为热水壶的壶身是圆锥形的，而且有一定的弧度，为了便于机器人吸取，将末端吸具设计成了圆弧状的弯板，内侧附有四个吸盘，以便吸取更加贴合、更加牢固。其中吸具又分为两种，一种是单吸具，如图 5 - 10 所示，它只有一个吸头，负责单项输送工件及材料；另外一种则为双吸具，如图 5 - 11 所示，它有两个吸头，分别由两个不同规格的单吸头组成，其作用是可双向输送工件及材料，提高工作效率。

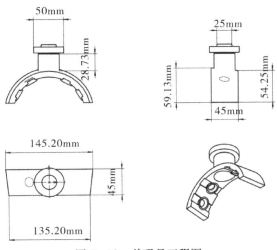

图 5 - 10　单吸具工程图

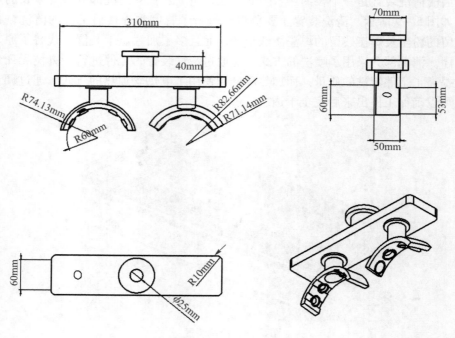

图 5 - 11　双吸具工程图

5.2.5　生产线仿真运行 I/O 信号

实际应用中，PLC 为自动线主控单元，采用 Ethernet、Profibus 等现场总线，将 PIC 与机器人、各工作站等连接，接收并处理各站和工业机器人等发送来的信号。在仿真应用中，ABB 的标准 I/O 板提供的常用信号处理有数字输入 DI、数字输出 DO、模拟输入 AI、模拟输出 AO 以及输送链跟踪。I/O 板都是下挂在 DeviceNet 现场总线下的设备，将 Smart 组件的 I/O 信号与机器人的 I/O 信号关联，即 Smart 组件的输出信号作为机器人端的输入信号，机器人端的输出信号作为 Smart 组件的输入信号，此时 Smart 组件可以看成一个与机器人进行 I/O 通信的模拟 PLC，离线编写生产线程序，就可以实现生产线整体的仿真效果。以取板料机器人为例，因 I/O 信号较少，选用具有 8 个 DI 和 8 个 DO 的 DSQC651 板，设定地址。表 5 - 2、5 - 3、5 - 4、5 - 5、5 - 6、5 - 7 为各机器人的 I/O 分配表。

表 5 - 2　取板料机器人 I/O 信号

序号	信号名称	含义	单元映射	类型
1	di_BL_OK	板料工料到位	0	输入
2	di_Tool_BL_OK	板料吸盘真空反馈	1	输入
3	do_BL	板料机供料	0	输出
4	do_Tool_BL	板料吸盘工作信号	1	输出
5	do_YX	雏形机运行信号	2	输出
6	di_Empty	联合机器人反馈信号	2	输入

表 5-3　冲压机器人 I/O 信号

序号	信号名称	含义	单元映射	类型
1	di_CYWC	冲压完成信号反馈	0	输入
2	di_Tool_D_CH_OK	成型工件吸盘真空反馈信号	1	输入
3	di_Tool_D_CX_OK	雏形工件吸盘真空反馈信号	2	输入
4	di_WC	雏形机出件反馈信号	3	输入
5	do_CY	冲压工作信号	0	输出
6	do_JC	检测机工作信号	1	输出
7	do_Tool_D_CH	成型工件吸盘工作信号	3	输出
8	do_Tool_D_CX	雏形工件吸盘工作信号	2	输出
9	di_JC_Empty	联合机器人反馈信号	4	输入
10	do_Empty	雏形机取件完成信号	4	输出

表 5-4　打孔机器人 I/O 信号

序号	信号名称	含义	单元映射	类型
1	di_DKWC	打孔完成信号	0	输入
2	di_JCWC	检测完成反馈信号	1	输入
3	di_KP_OK	打磨机卡盘反馈信号	2	输入
4	di_Tool_K_OK	工件吸盘反馈信号	3	输入
5	do_DK	打孔工作信号	0	输出
6	do_DM	打磨工作信号	2	输出
7	do_KP	打磨机卡盘工作信号	1	输出
8	do_Tool_K	工件吸盘工作信号	3	输出
9	di_KP_K	联合机器人反馈信号 1	5	输入
10	di_DM_Empty	联合机器人反馈信号 2	4	输入
11	Do_JC_Empty	检测机取件完成信号	4	输出

表 5-5　焊接机器人 I/O 信号

序号	信号名称	含义	单元映射	类型
1	di_DMWC	打磨完成反馈信号	0	输入
2	di_HJ_OK	焊接完成反馈信号	1	输入
3	di_HJKPKJ	焊接机卡盘反馈信号	2	输入
4	di_KP_OK	打磨机卡盘反馈信号	3	输入
5	di_Tool_K_DM_OK	工件吸盘反馈信号	4	输入
6	do_HJ	焊接机工作信号	0	输出

序号	信号名称	含义	单元映射	类型
7	do_HJKP	焊接机卡盘工作信号	1	输出
8	do_QX	清洗机工作信号	2	输出
9	do_Tool_K_DM	工件吸盘工作信号	4	输出
10	do_KP_K	联合机器人通信信号	3	输出
11	do_DM_Empty	打磨机取件完成信号	5	输出

表 5 – 6　焊接取件机器人 I/O 信号

序号	信号名称	含义	单元映射	类型
1	di_HJ_1_OK	焊嘴点焊完成反馈信号	2	输入
2	di_HJ_2_OK	壶柄安装件点焊完成反馈信号	3	输入
3	di_Tool_HJ_OK	工件吸盘反馈信号	4	输入
4	di_ZB_1	壶嘴焊接工作信号	0	输入
5	di_ZB_2	壶柄安装件焊接工作信号	1	输入
6	do_HJ_1	壶嘴点焊工作信号	0	输出
7	do_HJ_2	壶柄安装件点焊工作信号	1	输出
8	do_Tool_HJ	工件吸盘工作信号	2	输出

表 5 – 7　码垛机器人 I/O 信号

序号	信号名称	含义	单元映射	类型
1	di_QXWC	工件到位信号	1	输入
2	di_Tool_K_HG_OK	工件吸盘反馈信号	0	输入
3	do_Tool_K_HG	工件吸盘工作信号	0	输出

5.2.6　机器人程序编制

在生产线模型建立的前提下，运用 RobotStudio 软件进行离线编程，根据生产线生产流程、不间断作业的各方面要求、所设计的 Smart 组件以及 I/O 信号，模拟现实中的 PLC 控制器，再加上通过工作站逻辑将各个设备的信号与各个机器人控制器所设定的信号进行连接，达到现实中 PLC 控制器与机器人的通信交互，之后便可进行 RAPID 离线开发程序，示教目标点，使得机器人按照一定的逻辑设定进行作业。若工作中机器人与设备之间的距离设定或机器人运动轨迹不当，则可能会出现碰撞现象，但在程序设计与编辑时充分利用指令功能以减少示教点的数量，合理地对轨迹指令进行速度优化、点与点之间的指令转换等，便可预防此类问题出现，另外由于存在多台设备同时与两台机器人进行工作关联，所以，在设备与机器人、机器人与机器人之间能否有序工作就尤为重要，故此，在设备逻辑控制与机器人控制程序的设计中，便运用了设备与机器人之间、机器人与机器人之间的信号通信，其次，还运用了中断程序以及条件判断，使机器人时刻保持对工作设备的空载、运载状态以及工件抓取状态的判断，令工作站的所有机器人与设备进行有序的、不间断的关联作业。

1）板料入料机器人程序

```
MODULE MainModule
    VAR intnum intno1: =0;
    VAR bool load_BL: =FALSE;
    PROC main( )
        rInitialize; !初始化
        WHILE TRUE DO
            IF load_BL = FALSE THEN
rPick; !板料抓取
            ENDIF
            IF load_BL = TRUE AND reg1 = 0 THEN
rPlace; !板料放件
            ENDIF
        ENDWHILE
    ENDPROC
    TRAP iTrap !中断程序
        reg1 : = 0; !将设备处于空位状态
    ENDTRAP
    PROC rPick( )
        MoveJ p10,v1000,z10,BL;
        PulseDO \ PLength: =0.5,do_BL;
        WaitDI di_BL_OK,1;
        MoveJ Offs(pPick,0,0,100),v500,z10,BL;
        MoveL pPick,v200,fine,BL;
        Set do_Tool_BL;
        WaitDI di_Tool_BL_OK,1;
        load_BL : = TRUE;
        MoveL Offs(pPick,0,0,100),v200,z10,BL;
        MoveJ p10,v1000,z0,BL;
        MoveJ phome,v1000,fine,BL;
    ENDPROC
    PROC rPlace( )
        MoveJ Offs(pPlace, -200,0,0),v500,z10,BL;
        MoveL pPlace,v200,fine,BL;
        Reset do_Tool_BL;
        WaitDI di_Tool_BL_OK,0;
reg1 : = 1;
        load_BL : = FALSE;
        MoveL Offs(pPlace, -200,0,0),v200,z10,BL;
```

```
            MoveJ phome,v1000,fine,BL;
            PulseDO \ PLength: =0.5, do_YX;
        ENDPROC
        PROC rInitialize( )
            MoveJ phome,v1000,fine,BL;
            AccSet 70,70;
            VelSet 100,800;
            reg1: = 0;
            load_BL : = FALSE;
            Reset do_Tool_BL;
            IDelete intno1;
            CONNECT intno1 WITH iTrap;
            ISignalDI di_Empty,1,intno1;
        ENDPROC
ENDMODULE
```

2）冲压机器人程序

```
MODULE CalibData
    PERS tooldata Double: =[TRUE,[[0,-0.878,164],[1,0,0,0]],[1,[0,-0.878,164],[1,0,0,
0],0,0,0]];
    VAR bool flag1: =FALSE;
    VAR bool flag2: =FALSE;
    VAR bool load_CX: =FALSE;
    VAR bool load_CH: =FALSE;
    VAR intnum intno1: =0;
    VAR intnum intno2: =0;
    VAR intnum intno3: =0;
    PROC main( )
rInitialize; !初始化
        WHILE TRUE DO
            IF flag1 = TRUE AND load_CX = FALSE AND load_CH = FALSE THEN
                rPick_CX; !抓取锥形工件
            ENDIF
            IF flag2 = TRUE AND reg1 = 1 AND load_CH = FALSE THEN
                rPick_CY; !抓取冲压成形工件
            ENDIF
            IF reg1 = 0 AND load_CX = TRUE THEN
                rPlace_CY; !放置冲压工位
            ENDIF
            IF reg2 = 0 AND load_CH = TRUE THEN
                rPlace_JC; !放置形状检测工位
            ENDIF
```

```
            ENDWHILE
        ENDPROC
        PROC rInitialize( )
            MoveJ phome,v1000,fine,Double;
            AccSet 70,70;
            VelSet 100,800;
            Reset do_Tool_D_CX;
            Reset do_Tool_D_CH;
reg1 : = 0;
reg2 : = 0;
flag1 : = FALSE;
flag2 : = FALSE;
            load_CX : = FALSE;
            load_CH : = FALSE;
            IDelete intno1;
            CONNECT intno1 WITH iTrap_CX;
            ISignalDI di_WC,1,intno1;
            IDelete intno2;
            CONNECT intno2 WITH iTrap_CY;
            ISignalDI di_CYWC,1,intno2;
            IDelete intno3;
            CONNECT intno3 WITH iTrap_JC;
            ISignalDI di_JC_Empty,1,intno3;
        ENDPROC
        TRAP iTrap_CX !雏形出件条件中断程序
flag1 : = TRUE;
        ENDTRAP
        TRAP iTrap_CY !冲压完成条件中断程序
flag2 : = TRUE;
        ENDTRAP
        TRAP iTrap_JC !检测工位处于空位状态条件中断程序
reg2 : = 0;
        ENDTRAP
        PROC rPick_CX( )
            MoveJ p10,v1000,z10,Double;
            MoveJ Offs(pPick_CX,0,100,0),V500,fine,Double;
            MoveL pPick_CX,V200,fine,Double;
            Set do_Tool_D_CX;
            WaitDI di_Tool_D_CX_OK,1;
            load_CX : = TRUE;
flag1 : = FALSE;
            MoveL Offs(pPick_CX,0,0,230),v200,fine,Double;
            MoveL Offs(pPick_CX,0,300,230),V200,fine,Double;
```

```
            MoveJ Offs(pPick_CX,0,400,100),V200,fine,Double;
            MoveJ p10,v1000,z10,Double;
            PulseDO \ PLength: =0.5,do_Empty;
            MoveJ phome,v1000,fine,Double;
        ENDPROC
        PROC rPick_CY( )
            MoveJ phome,v1000,fine,Double;
            MoveJ Offs(pPick_CY, -300,0,0),v500,fine,Double;
            MoveL pPick_CY, v200, fine, Double;
            Set do_Tool_D_CH;
            WaitDI di_Tool_D_CH_OK,1;
    reg1 : = 0;
            load_CH : = TRUE;
    flag2 : = FALSE;
            MoveL Offs(pPick_CY,0,0,200),V200,fine,Double;
            MoveL Offs(pPick_CY, -200,0,200),V200,z10,Double;
            MoveJ phome,V1000,fine,Double;
        ENDPROC
        PROC rPlace_CY( )
            MoveJ phome,v1000,fine,Double;
            MoveJ Offs(pPlace_CY, -200,0,200),v500,z10,Double;
            MoveL Offs(pPlace_CY,0,0,200),v500,fine,Double;
            MoveL pPlace_CY,v200,fine,Double;
            Reset do_Tool_D_CX;
            WaitDI di_Tool_D_CX_OK,0;
    reg1 : = 1;
            load_CX : = FALSE;
            MoveJ Offs(pPlace_CY, -300,0,0),v200,z10,Double;
            MoveJ phome,v1000,fine,Double;
            PulseDO \ PLength: =0.5,do_CY;
        ENDPROC
        PROC rPlace_JC( )
            MoveJ p20,v1000,fine,Double;
            MoveJ Offs(pPlace_JC, -150, -150,200),v500,fine,Double;
            MoveJ Offs(pPlace_JC,0,0,100),v500,fine,Double;
            MoveL pPlace_JC,v200,fine,Double;
            Reset do_Tool_D_CH;
            WaitDI di_Tool_D_CH_OK,0;
    reg2 : = 1;
            load_CH : = FALSE;
            MoveJ Offs(pPlace_JC,0, -100,0),v200,z10,Double;
            PulseDO \ PLength: =0.5,do_JC;
            MoveJ p20,v1000,z10,Double;
```

```
        MoveJ phome,v1000,fine,Double;
    ENDPROC
ENDMODULE
```

3）打孔机器人程序

```
MODULE CalibData
    PERS tooldata Kettle: = [TRUE,[[0,0,128],[1,0,0,0]],[1,[0,0,128],[1,0,0,0],0,0,0]];
    VAR bool flag1: = FALSE;
    VAR bool load_K: = FALSE;
    VAR intnum intno1: = 0;
    VAR intnum intno2: = 0;
    VAR intnum intno3: = 0;
    PROC main( )
rInitialize;!初始化
        WHILE TRUE DO
            IF flag1 = TRUE AND load_K = FALSE THEN
                rPick_JC;!形状检测取件
            ENDIF
            IF reg1 = 0 AND load_K = TRUE THEN
rPolish;!打磨工位放料
            ENDIF
        ENDWHILE
    ENDPROC
    PROC rInitialize( )
        MoveJ phome,v1000,fine,kettle;
        AccSet 70,70;
        VelSet 100,800;
reg1 : = 0;
flag1 : = FALSE;
        load_K : = FALSE;
        Reset do_Tool_K;
        IDelete intno1;
        CONNECT intno1 WITH iTrap_JC;
        ISignalDI di_JCWC,1,intno1;
        IDelete intno2;
        CONNECT intno2 WITH iTrap_DM;
        ISignalDI di_DM_Empty,1,intno2;
        IDelete intno3;
        CONNECT intno3 WITH iTrap_KP;
        ISignalDI di_KP_K,1,intno3;
    ENDPROC
```

```
    TRAP iTrap_JC !形状检测完成中断程序
flag1 : = TRUE;
    ENDTRAP
    TRAP iTrap_DM !打磨工位处于空位状态中断程序
reg1 : = 0;
    ENDTRAP
    TRAP iTrap_KP !联合机器人取件反馈中断程序
        Reset do_KP; !松开打磨机卡盘
    ENDTRAP
    PROC rPick_JC( )
        MoveJ Offs(pPick_JC, -100,0,0),v500,fine,Kettle;
        MoveL pPick_JC, v200, fine, Kettle;
        Set do_Tool_K;
        WaitDI di_Tool_K_OK,1;
        load_K : = TRUE;
        MoveL Offs(pPick_JC,0,0,100),v200,fine,Kettle;
        MoveJ Offs(pPick_JC, -200,0,200),v200,z10,Kettle;
        PulseDO \ PLength: = 0.5,do_JC_Empty;
flag1 : = FALSE;
        MoveJ phome,v1000,fine,Kettle;
rPunch; !打孔
    ENDPROC
    PROC rPunch( )
        MoveJ p10,v1000,z10,Kettle;
        MoveJ Offs(pPunch,200, -300,0),v500,fine,Kettle;
        MoveJ Offs(pPunch,200,0,0), v500, fine, Kettle;
        MoveL pPunch,v200,fine,Kettle;
        Reset do_Tool_K;
        WaitDI di_Tool_K_OK,0;
        PulseDO \ PLength: = 0.5,do_DK;
        WaitDI di_DKWC,1;
        Set do_Tool_K;
        WaitDI di_Tool_K_OK,1;
        MoveL Offs(pPunch,200,0,0),v200,fine,Kettle;
        MoveL Offs(pPunch,200, -300,0),v500,fine,Kettle;
        MoveJ p10,v1000,z10,Kettle;
        MoveJ phome,v1000,fine,Kettle;
    ENDPROC
    PROC rPolish( )
        MoveJ p20,v1000,z10,Kettle;
        MoveJ Offs(pPolish, -165,300,0),v500,fine,Kettle;
        MoveL Offs(pPolish, -165,0,0),v100,fine,Kettle;
        MoveL pPolish,v100,fine,Kettle;
```

```
        Reset do_Tool_K;
        WaitDI di_Tool_K_OK,0;
        load_K : = FALSE;
        Set do_KP;
        WaitDI di_KP_OK,1;
reg1 : = 1;
        MoveL Offs( pPolish,0,200,0) ,v100,z10,Kettle;
        MoveJ p20,v1000,fine,Kettle;
        PulseDO \ PLength: = 0. 5,do_DM;
        MoveJ phome,v1000,fine,Kettle;
    ENDPROC
ENDMODULE
```

4) 打磨机器人程序

```
MODULE CalibData
    PERS tooldata Kettle: = [TRUE,[[0,0,128],[1,0,0,0]],[1,[0,0,128],[1,0,0,0],0,0,0]];
    VAR bool flag1: = FALSE;
    VAR bool load_K_DM: = FALSE;
    VAR intnum intno1: = 0;


    PROC main( )
rInitialize; !初始化
        WHILE TRUE DO
            IF flag1 = TRUE AND load_K_DM = FALSE THEN
                rPick_DM; !打磨工位取件
            ENDIF
        ENDWHILE
    ENDPROC
    PROC rInitialize( )
        MoveJ phome,v1000,fine,Kettle;
        AccSet 70,70;
        VelSet 100,800;
reg1 : = 0;
flag1 : = FALSE;
        load_K_DM : = FALSE;
        Reset do_Tool_K_DM;
        IDelete intno1;
        CONNECT intno1 WITH iTrap_DM;
        ISignalDI di_DMWC,1,intno1;
    ENDPROC
    TRAP iTrap_DM !打磨完成中断程序
```

```
flag1 : = TRUE;
    ENDTRAP
    PROC rPick_DM( )
        MoveJ Offs( pPick_DM, - 100,0,0) ,v500,fine,Kettle;
        MoveL pPick_DM,v200,fine,Kettle;
        PulseDO \ PLength: =0. 5,do_KP_K;
        WaitDI di_KP_OK,0;
        Set do_Tool_K_DM;
        WaitDI di_Tool_K_DM_OK,1;
        load_K_DM : = TRUE;
        MoveL Offs( pPick_DM,0,165,0) ,v200,fine,Kettle;
        MoveL Offs( pPick_DM, - 200,165,200) ,v200,fine,Kettle;
flag1 : = FALSE;
        PulseDO \ PLength: =0. 5,do_DM_Empty;
        MoveJ phome,v1000,fine,Kettle;
        IF reg1 = 0 AND load_K_DM = TRUE THEN
            rPlace_HJ; !焊接工位放料
        ENDIF
    ENDPROC
    PROC rPlace_HJ( )
        MoveJ p10,v1000,fine,Kettle;
        MoveJ Offs( pPlace_HJ,0, - 150,200) ,v500,fine,Kettle;
        MoveL Offs( pPlace_HJ,0,0,200) ,v500,fine,Kettle;
        MoveL pPlace_HJ,v200,fine,Kettle;
        Reset do_Tool_K_DM;
        WaitDI di_Tool_K_DM_OK,0;
        load_K_DM : = FALSE;
        SetDO do_HJKP,1;
        WaitDI di_HJKPKJ,1;
        MoveL Offs( pPlace_HJ,0, - 150,0) ,v200,fine,Kettle;
reg1 : = 1;
        MoveJ p10,v1000,fine,Kettle;
        PulseDO \ PLength: =0. 5,do_HJ;
        WaitDI di_HJ_OK,1;
        rPick_HJ; !焊接工位取件
        rPlace_JC; !焊缝视觉检测
        rPlace_QX; !清洗工位放料
    ENDPROC
    PROC rPick_HJ( )
        MoveJ Offs( pPick_HJ,0, - 100,0) ,v500,fine,Kettle;
        MoveL pPick_HJ,v200,fine,Kettle;
        SetDO do_HJKP,0;
        WaitDI di_HJKPKJ,0;
```

```
            Set do_Tool_K_DM;
            WaitDI di_Tool_K_DM_OK,1;
            load_K_DM : = TRUE;
            MoveL Offs( pPick_HJ,0,0,200) ,v200 ,fine,Kettle;
            MoveL Offs( pPick_HJ,0, - 150 ,200) ,v200 ,fine,Kettle;
reg1 : = 0;
            MoveJ p10 ,v1000 ,fine,Kettle;
        ENDPROC
        PROC rPlace_JC( )
            MoveJ p20 ,v1000 ,z10 ,Kettle;
            MoveJ Offs( pPlace_JC_1 ,0,100,0) ,v500 ,fine,Kettle;
            MoveL pPlace_JC_1 ,v200 ,fine,Kettle;
            WaitTime 0. 5;
            MoveJ pPlace_JC_2 ,v200 ,fine,Kettle;
            WaitTime 0. 5;
            MoveL Offs( pPlace_JC_2 ,0,100,0) ,v500 ,fine,Kettle;
            MoveJ p20 ,v1000 ,z10 ,Kettle;
        ENDPROC
        PROC rPlace_QX( )
            MoveJ p30 ,v1000 ,z10 ,Kettle;
            MoveJ Offs( pPlace_QX, - 100,200,200) ,v500 ,fine,Kettle;
            MoveJ Offs( pPlace_QX,0,0,200) ,v500 ,fine,Kettle;
            MoveL pPlace_QX,v200 ,fine,Kettle;
            Reset do_Tool_K_DM;
            WaitDI di_Tool_K_DM_OK,0;
            load_K_DM : = FALSE;
            MoveJ Offs( pPlace_QX,0,200,0) ,v200 ,fine,Kettle;
            PulseDO \ PLength: = 0. 5 ,do_QX;
            MoveJ p30 ,v1000 ,z10 ,Kettle;
            MoveJ phome,v1000 ,fine,Kettle;
        ENDPROC
ENDMODULE
```

5）焊接机器人程序

```
MODULE CalibData
    PERS tooldata HJ: = [ TRUE,[ [ 0,0,180] ,[ 1,0,0,0] ] ,[ 1,[ 0,0,180] ,[ 1,0,0,0] ,0,0,0] ];
    VAR bool load_HJ: = FALSE;
        PROC main( )
rInitialize; !初始化
        WHILE TRUE DO
            IF di_ZB_1 = 1 AND load_HJ = FALSE THEN
```

```
            rPick_HZ; !壶嘴取件
        ENDIF
        IF di_ZB_2 = 1 AND load_HJ = FALSE THEN
            rPick_HB; !壶柄安装件取件
        ENDIF
    ENDWHILE
ENDPROC
PROC rInitialize( )
    MoveJ phome,v1000,fine,HJ;
    AccSet 70,70;
    VelSet 100,800;
    load_HJ : = FALSE;
    Reset do_Tool_HJ;
ENDPROC
PROC rPick_HZ( )
    MoveJ p10,v1000,z10,HJ;
    MoveJ Offs(pPick_HZ,0,0,100),v500,fine,HJ;
    MoveL pPick_HZ,v200,fine,HJ;
    Set do_Tool_HJ;
    WaitDI di_Tool_HJ_OK,1;
    load_HJ : = TRUE;
    MoveJ Offs(pPick_HZ,0,0,100),v200,fine,HJ;
    MoveJ p10,v1000,z10,HJ;
    MoveJ phome,v1000,fine,HJ;
    rPlace_HZ; !壶嘴焊接位
ENDPROC
PROC rPlace_HZ( )
    MoveJ Offs(pPlace_HZ,0,100,0),v500,fine,HJ;
    MoveL pPlace_HZ,v200,fine,HJ;
    PulseDO \ PLength: = 0.5,do_HJ_1;
    WaitDI di_HJ_1_OK,1;
    Reset do_Tool_HJ;
    WaitDI di_Tool_HJ_OK,0;
    load_HJ : = FALSE;
    MoveL Offs(pPlace_HZ, -50,50,300),v500,z10,HJ;
    MoveJ phome,v1000,fine,HJ;
ENDPROC
PROC rPick_HB( )
    MoveJ p20,v1000,z10,HJ;
    MoveJ Offs(pPick_HB,0,0,100),v500,fine,HJ;
    MoveL pPick_HB,v200,fine,HJ;
    Set do_Tool_HJ;
    WaitDI di_Tool_HJ_OK,1;
```

```
        load_HJ : = TRUE;
        MoveJ Offs( pPick_HB,0,0,100) ,v200,fine,HJ;
        MoveJ p20,v1000,z10,HJ;
        MoveJ phome,v1000,fine,HJ;
        rPlace_HB; !壶柄安装件焊接位
    ENDPROC
    PROC rPlace_HB( )
        MoveJ Offs( pPlace_HB, - 100,100,150) ,v500,fine,HJ;
        MoveJ Offs( pPlace_HB,0,100,0) ,v500,fine,HJ;
        MoveL pPlace_HB,v200,fine,HJ;
        PulseDO \ PLength: = 0. 5,do_HJ_2;
        WaitDI di_HJ_2_OK,1;
        Reset do_Tool_HJ;
        WaitDI di_Tool_HJ_OK,0;
        load_HJ : = FALSE;
        MoveL Offs( pPlace_HB,0,150,0) ,v500,z10,HJ;
        MoveL Offs( pPlace_HB, - 150,150,200) ,v500,z10,HJ;
        MoveJ phome,v1000,fine,HJ;
    ENDPROC
ENDMODULE
```

6) 码垛机器人程序

```
MODULE CalibData
    PERS tooldata Kettle: = [ TRUE,[ [0,0,128],[1,0,0,0] ],[1,[0,0,128],[1,0,0,0],0,0,0] ];
    VAR bool load_HG: = FALSE;
    PROC main( )
rInitialize; !初始化
        WHILE TRUE DO
            IF di_QXWC = 1 AND load_HG = FALSE AND reg1 < 11 THEN
                rPick_HG; !取件
rPlace; !码放
            ENDIF
        ENDWHILE
    ENDPROC
    PROC rInitialize( )
        MoveJ phome,v1000,fine,Kettle;
        AccSet 70,70;
        VelSet 100,800;
        load_HG : = FALSE;
reg1 : = 1;
        Reset do_Tool_K_HG;
    ENDPROC
```

```
    PROC rPick_HG( )
        MoveJ p10,V1000,Z10,Kettle;
        MoveJ Offs(pPick_HG,0,-100,0),V500,fine,Kettle;
        MoveL pPick_HG,v200,fine,Kettle;
        Set do_Tool_K_HG;
        WaitDI di_Tool_K_HG_OK,1;
        load_HG : = TRUE;
        MoveL Offs(pPick_HG,0,0,150),v200,fine,Kettle;
        MoveL Offs(pPick_HG,0,-150,150),v200,fine,Kettle;
        MoveJ p10,V1000,Z10,Kettle;
        MoveJ phome,v1000,fine,Kettle;
    ENDPROC
    PROC rPlace( )
nCount;
        MoveJ Offs(pPlace,0,0,80),v500,fine,Kettle;
        MoveL pPlace,v200,fine,Kettle;
        Reset do_Tool_K_HG;
        WaitDI di_Tool_K_HG_OK,0;
        load_HG : = FALSE;
        MoveJ Offs(pPlace,0,0,80),v200,fine,Kettle;
        Incr reg1;
        MoveJ phome,v1000,fine,Kettle;
    ENDPROC
    PROC nCount( )
        TEST reg1
        CASE 1:pPlace : = Offs(pStack,0,0,0);
        CASE 2:pPlace : = Offs(pStack,0,220,0);
        CASE 3:pPlace : = Offs(pStack,0,440,0);
        CASE 4:pPlace : = Offs(pStack,0,660,0);
        CASE 5:pPlace : = Offs(pStack,0,880,0);
        CASE 6:pPlace : = Offs(pStack,-240,0,0);
        CASE 7:pPlace : = Offs(pStack,-240,220,0);
        CASE 8:pPlace : = Offs(pStack,-240,440,0);
        CASE 9:pPlace : = Offs(pStack,-240,660,0);
        CASE 10:pPlace : = Offs(pStack,-240,880,0);
        DEFAULT:
        ENDTEST
    ENDPROC
ENDMODULE
```

5.2.7 生产线仿真分析

通过多次调试，改变机器人上下料的速度，调整机器人的运行轨迹，配合机器设备的工作节拍，可以控制壶体成型、冲压、打孔、打磨、焊接的作业时间。在保证产品质量的情况下，将自动生产线的生产节拍调整至最佳的状态，提高整体的工作效率。调试工作完成后，对自动生产线虚拟仿真系统进行了 689.3s 的持续运行，通过仿真可以看到，码垛机器人已经完成了 10 个热水壶壶体，如图 5 - 12 所示，平均每个壶体只需要 1 分钟，在传统的生产线中往往需要 3 ～ 4 分钟完成。仿真情况说明，所设计仿真生产线在减少工位的同时，优化机器人工作站和工序，比原来人工直接参与的生产线生产效率有明显的提高。

图 5 - 12　仿真结果

在 SolidWorks 和 RobotStudio 这两个软件的建模和组建中，极大程度地虚拟仿真了热水壶的自动生产线。对现实人工生产线设备进行改造，加入机器人的配合，Smart 组件的构建，在仿真中实现了从原料到加工完成的一系列动作，实现了热水壶金属壶身加工的自动化。通过对机器人的在线调试，与其他机器装置完美配合，得出最佳的运行轨迹，提高了自动化生产线整体的工作效率。该设计方案运用虚拟仿真的方法，低成本地模拟了热水壶金属壶身自动生产的全过程，为热水壶金属壶身自动生产方案的可行性提供了有力的证明。

5.3　定制木窗生产虚拟仿真系统

以机器人为主体的智能制造，体现了制造业的智能化、数字化和网络化的发展要求，各行各业中大规模应用机器人正成为一种趋势。目前，标准产品批量生产模式已经不能适应国内个性及结构多元化的市场需求，"个性化定制、柔性化生产"已成为门窗等家居产业转型升级和未来发展的方向。

智能制造生产线存在调试困难、投资大、风险高等问题。本仿真的目的是应用 Solid-Works 软件和瑞典 ABB 公司的 RobotStudio 软件设计一条集锯切、刨削、装配、检测、上色及自动仓储于一体的定制木窗智能化仿真生产线，并借助虚拟现实技术，在虚拟环境中对智能制造生产线中的工业机器人运动轨迹等工作站设备以及生产过程、生产效率、生产节拍等进行仿真模拟。模拟生产可以以更加经济、有效的方式验证生产线各设备的配置情况，用来指导木门窗生产线的设计与升级，降低实体生产线的投资风险。

5.3.1　仿真生产线搭建

按照设计的现场实际情况确定各工作站形状尺寸和位置关系等，利用三维制图软件如

SolidWorks，设计好木材切割机、铣削中心、上色工作站、立体仓库等工作站的仿真模型，进而在 RobotStudio 中完成整条生产线的布局与仿真调试等后续工作。在 RobotStudio 中构建的木窗智能制造生产线仿真系统包含了木板切割工作站、木窗边框切割工作站、图案铣削中心、装配视觉检测工作站、上色工作站、成品木窗立体仓储工作站、木屑收集装置及其他外围设备等，生产线仿真系统鸟瞰图如图 5-13 所示。各工作站上下料机器人及上色工作站的喷涂机器人都选用 ABB 公司的 IRB4600 型号。

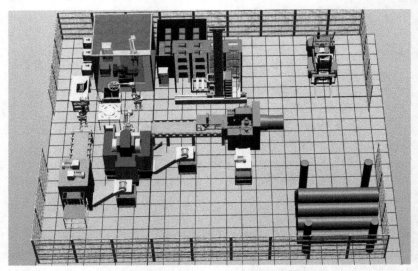

图 5-13　智能制造生产线仿真系统鸟瞰图

定制木窗智能制造生产线可根据客户的要求选择木材材料，加工中心可更改程序来改变木窗图案与颜色，款式多种多样，也可接受顾客的整套建筑的木窗设计和生产要求，图 5-14 所示为木窗样品。

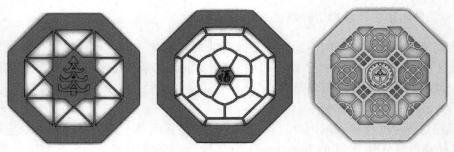

图 5-14　定制生产的木窗样品

5.3.2　系统工作流程

铣削加工中心搬运机器人 IRB4600 先从木板加工传送带抓取一个粗加工木板工件，放入加工中心进行铣削精加工，加工好图案后，装配视觉检测工作站机器人 IRB4600 取下工件，放到工件装配台上，给边框抓取机器人 IRB4600 信号，从边框传送带依次抓取 4 条木窗边框，放到装配台上，装配台气缸工作进行装配，装配完成后视觉检查系统开始工作，由相机和电脑检测装配好的木窗是否符合标准，再给装配视觉检测工作站另一台机器人 IRB4600 信号，将标准木窗抓取到喷涂室进行下一步加工，将次品放到次品收纳处，最后由搬运机器人将喷涂好的木窗搬运到堆垛机进行自动仓储。生产线连续运行模式如表 5 - 8 所示。

表 5 - 8　生产线连续运行模式

序号	作业工序	作业内容	备注
1	作业准备	①原木料到位 ②木窗类型、数量设定 ③启动生产线	人工作业
2	木板加工	切割机 1 在原木上切割出设定的木板形状，传送带末端有物料时停止切割	作业期间若发生故障，所有设备立即停止运行，等待设备管理员检查故障
3	木窗边框加工	切割机 2 将木条切割成边框，传送带末端有物料时停止切割	
4	搬运机器人搬运	①工件取出 ②等待机床信号、安全门信号	
5	木窗图案铣削	①加工中心无工件，上料 ②加工中心工件铣削完成且装配台没有工件，下料到装配台指定位置	
6	搬运机器人取边框	搬运机器人到传送带 2 上连续取 4 条边框放到装配台指定位置	
7	木窗装配	装配站上 4 个气缸同时动作推动木窗边框进行装配	
8	视觉检测	视觉判断是否符合标准，进行下一工序或放到次品回收处	
9	木窗上色	①装配台装配完成给搬运机器人夹取信号，将木窗运到喷涂室转换机上 ②喷涂完成后搬运机器人将木窗运送到堆垛机的货架上	
10	自动仓储	仓储设备进行自动存储	

5.3.3　生产线典型工作站设计

1）原材料切割加工工作站

原材料切割加工工作站主要由切割机、传动带、排屑机及检测装置组成，如图 5 - 15 所示。切割机是将原木材根据需要的尺寸切割出合适的木板，用其来加工图案。用叉车将原木安装进切割机，原木经过切割机粗加工出用来雕刻图案的材料，并将木板送到传送带末端，并且传送带末端光电传感器检测到有物料的时候切割机停止工作，等待搬运机器人将木板搬运到加工中心进行铣削加工，传送带末端无物料时切割机继续工作。切割机会产生大量的木屑，设计由一台链式排屑机收集起来，废弃木屑可二次利用，用来作为复合板原材料或燃料。

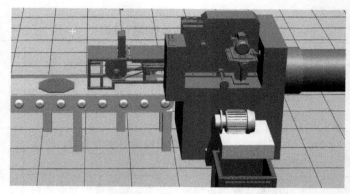

图 5 – 15　切割加工工作站

2）木框加工工艺

由井式供料将木条送进切割机，用切割机加工木条，加工出木窗边框，并由传送带将木框送到传送带末端，当传送带末端光电传感器检测到有物料的时候切割机和井式供料处停止工作，等待搬运机器人将木框搬运至装配台与图案木板进行装配，传送带末端没有物料的时候切割机和井式供料处继续工作，如图 5 – 16 所示。

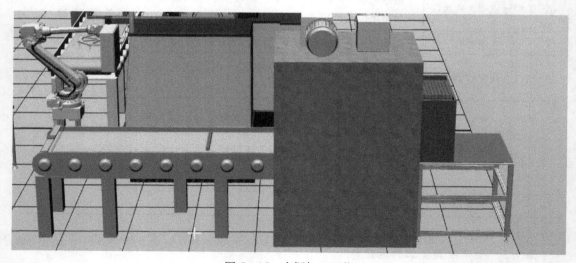

图 5 – 16　木框加工工艺

3）木窗图案铣削工艺

由 ABB 搬运机器人 IRB4600_40_255_C_02 将木板送进哈斯加工中心，用数控加工中心铣削出所想要的工艺图案，并由搬运机器人将铣削好的图案木板搬运至装配台与木框进行装配。该流程如图 5 – 17 所示。

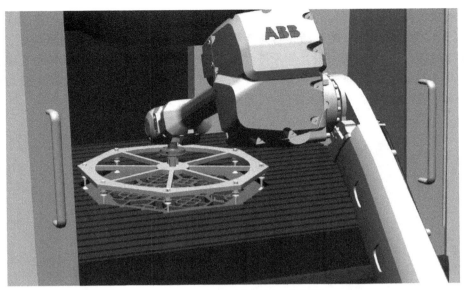

图 5 - 17　木窗图案铣削工艺流程

4）木窗图案与木框装配

这是我们根据产品所设计的装配台，ABB 搬运机器人 IRB4600_40_255_C_02 和 ABB 搬运机器人 IRB4600_40_255_C_03 将木窗图案板块和木框搬运到装配台上指定位置，由四个气缸推动木窗边框进行榫卯装配，该工艺流程如图 5 - 18 所示。

图 5 - 18　木窗图案与木框装配工艺流程

5）视觉检测

用视觉检测已经装配好的木窗是否符合要求，主要检测木窗图案有没有洗好、木框与图案板块的装配有没有出现问题，如果符合要求便给 ABB 搬运机器人 IRB4600_40_255_C_04 信号将木窗搬运到喷涂室进行下一道工序，如果木窗出现问题便给 ABB 搬运机器人 IRB4600_40_255_C_04 信号将次品搬运到废品收纳处，如图 5 – 19 所示。

图 5 – 19　视觉检测工作站

6）木窗的喷涂

ABB 搬运机器人 IRB4600_40_255_C_04 将木窗送进喷涂室，用变位机夹紧已经装配好的木窗，用喷涂机器人进行喷涂加工，木窗颜色可由客户指定，选择客户自己想要的颜色，该工艺流程如图 5 – 20 所示。

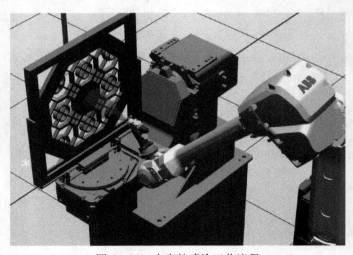

图 5 – 20　木窗的喷涂工艺流程

7）成品木窗的仓储

ABB 搬运机器人 IRB4600_40_255_C_04 将喷涂好的木窗搬运到堆垛机上货，堆垛机进行自动仓储，该工艺流程如图 5 – 21 所示。

图 5 – 21　成品木窗的仓储

8）木屑处理

两台切割机与加工中心会产生大量的木屑，这个问题必须解决，可设计由三台链式排屑机收集起来，废弃木屑可二次利用，作为复合板原材料或者作为燃料，如图 5 – 22 所示。

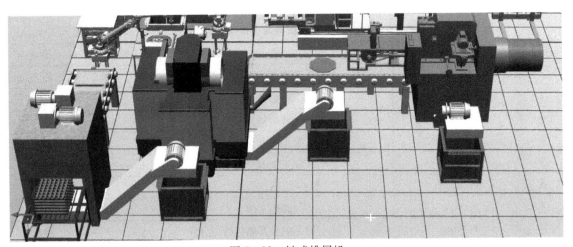

图 5 – 22　链式排屑机

5.3.4　机器人生产仿真运行 I/O 信号

仿真应用中，将 Smart 组件的 I/O 信号与机器人的 I/O 信号关联，即 Smart 组件的输出信号作为机器人端的输入信号，机器人端的输出信号作为 Smart 组件的输入信号，此时 Smart 组件可以看成一个与机器人进行 I/O 通信的模拟 PLC，离线编写各工作站程序，就可以实现生产线整体的仿真效果。

例如哈斯加工中心，创建一个铣削数控机床机械装置，建立机床门的开门关门的运动姿态，通过事件管理器建立一个输入 I/O 信号作为机器人输出信号关联，当机器人输出置位/复位 doKaiMen 信号给事件管理器时，对应执行铣削数控机床执行上下料的开门/关门，然后再建立 Smart 组件的 I/O 输入输出信号与机器人的 I/O 输入输出信号关联，当输送链 Smart 组件输出 doDaoliao 信号发送给机器人 diDaoliao 信号，让机器人执行拾取物料，机器人输出一个 doGrip 信号给吸盘 Smart 组件输入信号 diGrip 吸紧物料，拾取物料后，机器人输出 doKaiMen 信号给铣床开门，把物料放好在铣床工作台后，机器人复位 doKaiMen 信号给铣床关门，机器人再根据铣削出不同木窗纹案分别输出 doSource/doSource_1/doSource_2 不同信号给铣床 Smart 组件输入信号 diSource/diSource_1/dSource_2，让铣床执行不同程序铣削纹案，当铣削完成后，铣床 Smart 组件输出一个 doSourceOK 信号给机器人输入信号 diSourceOK，让机器人进去拾取铣削好纹案的木窗。表 5 – 9 为喷涂机器人 IRB4600_40_255_C_01 的 I/O 信号。

表 5 – 9 喷涂机器人 I/O 信号表

序号	信号名称	含义	单元映射	类型
1	diReceive	机器人 4 给的到位信号	0	输入
2	doXuanZhuan	变位机旋转信号	0	输出
3	doSend	给机器人 4 的夹取信号	1	输出
4	doPentu	喷涂信号	2	输出

表 5 – 10 为搬运机器人 IRB4600_40_255_C_02 的 I/O 信号。

表 5 – 10 搬运机器人 2 I/O 信号表

序号	信号名称	含义	单元映射	类型
1	diDaoLiao	传送带 1 供料到位	0	输入
2	diSourceOK	加工中心铣削完成	1	输入
3	diReceive	可以放置物料到装配台	2	输入
4	diVacuumOK	吸盘吸紧信号	3	输入
5	doKaiMen	加工中心开门	0	输出
6	doChuLiao	出料信号	1	输出
7	doSink	铣床工作	2	输出
8	doSource	加工中心开始工作	3	输出
9	doGrip	吸盘动作	4	输出
10	doSend	给机器人 3 信号夹取木框	5	输出

表 5 – 11 为搬运机器人 IRB4600_40_255_C_03 的 I/O 信号。

表 5 – 11　搬运机器人 3 I/O 信号表

序号	信号名称	含义	单元映射	类型
1	diReceive	机器人 2 放置好物料信号	0	输入
2	diSourceOK	装配完成夹取信号	1	输入
3	doQiGang	装配台气缸动作	0	输出
4	doJiaJu	夹具动作	1	输出
5	doGripper	激活夹具	3	输出
6	doGrip	放置完成	4	输出
7	doSink	装配台初始化	5	输出
8	doSource	装配完成	6	输出
9	doSend	机器人 3 给机器人 4 夹取信号	7	输出

表 5 – 12 为搬运机器人 IRB4600_40_255_C_04 的 I/O 信号。

表 5 – 12　搬运机器人 4 I/O 信号表

序号	信号名称	含义	单元映射	类型
1	diReceive	等待机器人 3 给信号	0	输入
2	diReceive_1	等待机器人 1 的喷涂完成信号	1	输入
3	diVacuumOK	吸盘吸紧信号	3	输入
4	diSorceOK	装配台完成装配的信号	4	输入
5	doJiaJin	变位机夹紧	0	输出
6	doSend	喷涂信号	1	输出
7	doGrip	吸盘动作	2	输出
8	doSend_1	给机器人 2 继续夹取物料到装配台信号	3	输出
9	doKaiMen	喷涂室开门	4	输出
10	doSend_2	给堆垛机信号	5	输出

5.3.5　系统编程与仿真

1）机器人程序编程

在生产线模型建立的前提下，RobotStudio 软件可进行离线编程，根据生产线连续运行模式、生产流程、I/O 信号、设计的 Smart 组件，就可以在 RAPID 离线开发程序，示教目标点。在 4 个机器人上下料工作站需示教的点数总共有 16 个，另外机器人工作站喷涂路径与放置 4 条木框，以及机器人过渡点等需要示教，在编程时充分利用工件坐标系的功能减少示教点的数量，只需要示教主要工作点，其他放置点用 Offs 偏移功能指令实现，可极大地减少工作量。将编辑好的各工作站程序保存在 PC 机上，然后将其传送给机器人控制器。

2）ABB 喷涂机器人 IRB4600_40_255_C_01 程序

```
PROC main()!主程序
        rInit;!初始化
        WHILE TRUE DO!循环指令
    WaitDI diReceive, 1;!等待机器人4给信号
    Set doGrip;!变位机夹紧
    WaitTime 1;!等待1秒
    rPenTu_1;!调用程序 rPenTu_1
    Set doXuanZhuan;!变位机旋转
    WaitTime 5;!等待5秒
    rPenTu_2;!调用程序 rPenTu_2
    Reset doXuanZhuan;!变换机复位
    WaitTime 5;!等待5秒
    Reset doGrip;!变位机松开
    WaitTime 1;!等待1秒
    Set doSend;!给机器人4夹取信号
    WaitTime 1;!等待1秒
    Reset doSend;!复位夹取信号
        ENDWHILE!停止循环
ENDPROC!结束
PROC rPenTu_1()!子程序,喷涂木窗第一面
        Set doPentu;!喷涂信号置位
        MoveJ pStart, v1000, fine, ECCO_70AS__03_300;!喷涂起点,以下为喷涂路径
        MoveL pEnd, v1000, fine, ECCO_70AS__03_300;
        MoveL Offs(pEnd,0,0, -80), v1000, fine, ECCO_70AS__03_300;
        MoveL Offs(pStart,0,0, -80), v1000, fine, ECCO_70AS__03_300;
        MoveL Offs(pStart,0,0, -160), v1000, fine, ECCO_70AS__03_300;
        MoveL Offs(pEnd,0,0, -160), v1000, fine, ECCO_70AS__03_300;
        MoveL Offs(pEnd,0,0, -240), v1000, fine, ECCO_70AS__03_300;
        MoveL Offs(pStart,0,0, -240), v1000, fine, ECCO_70AS__03_300;
        MoveL Offs(pStart,0,0, -320), v1000, fine, ECCO_70AS__03_300;
        MoveL Offs(pEnd,0,0, -320), v1000, fine, ECCO_70AS__03_300;
        MoveL Offs(pEnd,0,0, -400), v1000, fine, ECCO_70AS__03_300;
        MoveL Offs(pStart,0,0, -400), v1000, fine, ECCO_70AS__03_300;
        MoveL Offs(pStart,0,0, -480), v1000, fine, ECCO_70AS__03_300;
        MoveL Offs(pEnd,0,0, -480), v1000, fine, ECCO_70AS__03_300;
        MoveL Offs(pEnd,0,0, -560), v1000, fine, ECCO_70AS__03_300;
        MoveL Offs(pStart,0,0, -560), v1000, fine, ECCO_70AS__03_300;
        MoveL Offs(pStart,0,0, -640), v1000, fine, ECCO_70AS__03_300;
        MoveL Offs(pEnd,0,0, -640), v1000, fine, ECCO_70AS__03_300;
        MoveL Offs(pEnd,0,0, -720), v1000, fine, ECCO_70AS__03_300;
```

```
        MoveL Offs(pStart,0,0,-720),v1000,fine,ECCO_70AS__03_300;
        MoveL Offs(pStart,0,0,-800),v1000,fine,ECCO_70AS__03_300;
        MoveL Offs(pEnd,0,0,-800),v1000,fine,ECCO_70AS__03_300;
        Reset doPentu;!喷涂信号复位
        MoveJ pHome,v1000,fine,ECCO_70AS__03_300;!回到原点
    ENDPROC!结束
    PROC rPenTu_2()!子程序,喷涂木窗第二面
        Set doPentu;!喷涂信号置位
        MoveJ pStart,v1000,fine,ECCO_70AS__03_300;!喷涂起点,以下为喷涂路径
        MoveL pEnd,v1000,fine,ECCO_70AS__03_300;
        MoveL Offs(pEnd,0,0,-80),v1000,fine,ECCO_70AS__03_300;
        MoveL Offs(pStart,0,0,-80),v1000,fine,ECCO_70AS__03_300;
        MoveL Offs(pStart,0,0,-160),v1000,fine,ECCO_70AS__03_300;
        MoveL Offs(pEnd,0,0,-160),v1000,fine,ECCO_70AS__03_300;
        MoveL Offs(pEnd,0,0,-240),v1000,fine,ECCO_70AS__03_300;
        MoveL Offs(pStart,0,0,-240),v1000,fine,ECCO_70AS__03_300;
        MoveL Offs(pStart,0,0,-320),v1000,fine,ECCO_70AS__03_300;
        MoveL Offs(pEnd,0,0,-320),v1000,fine,ECCO_70AS__03_300;
        MoveL Offs(pEnd,0,0,-400),v1000,fine,ECCO_70AS__03_300;
        MoveL Offs(pStart,0,0,-400),v1000,fine,ECCO_70AS__03_300;
        MoveL Offs(pStart,0,0,-480),v1000,fine,ECCO_70AS__03_300;
        MoveL Offs(pEnd,0,0,-480),v1000,fine,ECCO_70AS__03_300;
        MoveL Offs(pEnd,0,0,-560),v1000,fine,ECCO_70AS__03_300;
        MoveL Offs(pStart,0,0,-560),v1000,fine,ECCO_70AS__03_300;
        MoveL Offs(pStart,0,0,-640),v1000,fine,ECCO_70AS__03_300;
        MoveL Offs(pEnd,0,0,-640),v1000,fine,ECCO_70AS__03_300;
        MoveL Offs(pEnd,0,0,-720),v1000,fine,ECCO_70AS__03_300;
        MoveL Offs(pStart,0,0,-720),v1000,fine,ECCO_70AS__03_300;
        MoveL Offs(pStart,0,0,-800),v1000,fine,ECCO_70AS__03_300;
        MoveL Offs(pEnd,0,0,-800),v1000,fine,ECCO_70AS__03_300;
        Reset doPentu;!喷涂信号复位
        MoveJ pHome,v1000,fine,ECCO_70AS__03_300;!回到起点
    ENDPROC!结束
    PROC rInit()!调用初始化程序
        MoveJ pHome,v1000,fine,ECCO_70AS__03_300;!喷涂工具回到起点
        Reset doPentu;!喷涂信号复位
        Reset doXuanZhuan;!变位机复位
        Reset doSend;!夹取信号复位
        Reset doGrip;!变位机松开
    ENDPROC!结束
ENDMODULE!停止循环
```

3）ABB 搬运机器人 IRB4600_40_255_C_02 程序

```
PROC main( )!主程序
        Init;!初始化
        WHILE TRUE DO!循环指令
    IF diDaoLiao = 1 THEN!传送带1供料到位
        Pick_1;!调用程序 Pick_1( )
        Drop_1;!调用程序 Drop_1
        Set doSource;!铣床铣削置位
        WaitDI diSourceOK, 1;!等待铣削完成
        Reset doSource;!铣床铣削复位
        Pick_2;!调用程序 Pick_2
        IF reg1 > = 1 WaitDI diReceive, 1;!如果装配台没有物料执行放置
        Drop_2;!调用程序 Drop_2
        Set doSend;!给机器人3信号夹取木框
        WaitTime 1;!等待1秒
        Reset doSend;!复位机器人3夹取信号
        reg1 : = reg1 + 1;!机器人2放置到装配台的次数
    ENDIF!跳出判断条件
        ENDWHILE!停止循环
ENDPROC!结束
PROC Pick_1( )!子程序
    MoveJ pHome, v1000, fine, XiPan;!机器人2回到原点
    MoveJ pGuoDu, v1000, fine, XiPan;!机器人2到过渡点
    MoveJ Offs(pPick_1,0,0,300), v1000, fine, XiPan;!机器人2执行末端运动到物料上方
    MoveL pPick_1, v1000, fine, XiPan;!机器人2运动到物料上
    Set doGrip;!吸盘置位
    WaitTime 1;!等待1秒
    WaitDI diVacuumOK, 1;!等待吸盘夹紧信号
    MoveL Offs(pPick_1,0,0,300), v1000, fine, XiPan;!吸取物料到物料上方
    MoveJ pGuoDu, v1000, fine, XiPan;!吸取物料到过渡点
ENDPROC!结束
PROC Pick_2( )!子程序
    Set doKaiMen;!铣床开门
    WaitTime 3;!等待3秒
    MoveJ Offs(pDrop_1, -700,0,200), v1000, fine, XiPan;!机器人2执行末端移动到过渡点
    MoveL Offs(pDrop_1,0,0,200), v1000, fine, XiPan;!机器人2执行末端移动到物料正上方
    MoveL pDrop_1, v1000, fine, XiPan;!机器人2执行末端移动到物料上面
    Set doGrip;!机器人2吸盘置位
    WaitTime 1;!等待1秒
    WaitDI diVacuumOK, 1;!等待吸盘吸紧信号
    MoveL Offs(pDrop_1,0,0,200), v1000, fine, XiPan;!吸取物料到正上方
    MoveJ Offs(pDrop_1, -700,0,200), v1000, fine, XiPan;!吸取物料到过渡点
```

```
        MoveJ pHome, v1000, fine, XiPan;!回到机器人2原点
        Reset doKaiMen;!铣床关门
ENDPROC!结束
PROC Drop_1()!子程序
        MoveJ pHome, v1000, fine, XiPan;!机器人2回到原点
        Set doKaiMen;!铣床开门
        WaitTime 3;!等待3秒
        MoveJ Offs(pDrop_1, -700,0,200), v1000, fine, XiPan;!吸取物料到过渡点
        MoveL Offs(pDrop_1,0,0,200), v1000, fine, XiPan;!吸取物料放放置点正上方
        MoveL pDrop_1, v1000, fine, XiPan;!放置物料到铣床
        Reset doGrip;!松开吸盘
        WaitTime 1;!等待1秒
        WaitDI diVacuumOK, 0;!等待吸盘完全松开
        MoveL Offs(pDrop_1,0,0,200), v1000, fine, XiPan;!机器人2执行末端移动到物料上方
        MoveJ Offs(pDrop_1, -700,0,200), v1000, fine, XiPan;!机器人2执行末端移动到过渡点
        MoveJ pHome, v1000, fine, XiPan;!机器人2回到原点
        Reset doKaiMen;!铣床关门
        WaitTime 5;!等待5秒
        Set doSink;!铣床工作
        WaitTime 2;!等待2秒
        Reset doSink;!铣床停止工作
        WaitTime 2;!等待2秒
ENDPROC!结束
PROC Drop_2()!子程序
        MoveJ pGuoDu_1, v1000, fine, XiPan;!机器人2吸取铣好的物料到过渡点
        MoveJ Offs(pPick_2,0,0,300), v1000, fine, XiPan;!吸取物料到装配台正上方
        MoveL pPick_2, v1000, fine, XiPan;!放置铣好物料到装配台
        Reset doGrip;!吸盘复位
        WaitTime 1;!等待1秒
        WaitDI diVacuumOK, 0;!等待吸盘完全松开
        MoveL Offs(pPick_2,0,0,300), v1000, fine, XiPan;!机器人2执行末端移动到放置点上方
        MoveJ pGuoDu_1, v1000, fine, XiPan;!机器人2移动到过渡点
        MoveJ pHome, v1000, fine, XiPan;!机器人2回到原点
ENDPROC!结束
PROC Init()!子程序
        MoveJ pHome, v1000, fine, XiPan;!机器人2回到原点
        Reset doChuLiao;!供料到位信号复位
        Reset doGrip;!吸盘复位
        Reset doKaiMen;!关门
        Reset doSend;!夹取信号复位
        Reset doSink;!铣床工作信号复位
        Reset doSource;!铣削完成信号复位
        reg1 := 0;!计数清零
```

```
        ENDPROC!停止
ENDMODULE!结束循环
```

4）ABB 搬运机器人 IRB4600_40_255_C_03 程序

```
PROC main( )!主程序
        WHILE TRUE DO!循环指令
        MoveJ pHome, v1000, z50, ToolFrame;!机器人3回到原点
        WaitDI diReceive, 1;!等待机器人2放置铣好物料信号
        rInit;!初始化
        WHILE nCount < = 4 DO!装配台木框小于等于4执行循环
            IF diInPos = 1 THEN!如果传送带2供料到位
                rPick;!调用子程序 rPick
                rPlace;!调用子程序 rPlace
            ELSE!否则
                WaitTime 1;!等待1秒
            ENDIF!判断指令结束
        ENDWHILE!停止循环
        MoveJ pHome, v1000, fine, ToolFrame;!机器人3回到原点
        Set doGrip;!机器人3给装配台气缸放置完成信号
        WaitTime 3;!等待3秒
        Set doQiGang;!装配台气缸置位
        WaitTime 3;等待3秒
        Reset doGrip;!信号复位
        WaitTime 0.5;!等待0.5秒
        Reset doQiGang;!装配台气缸复位
        WaitTime 1;!等待1秒
        Set doSink;!装配台初始化
        WaitTime 0.1;!等待0.1秒
        Reset doSink;!装配台初始化完成
        Set doSource;!装配台装配完成
        WaitDI diSourceOK, 1;!等待装配完成信号
        WaitTime 1;!等待1秒
        Reset doSource;!信号复位
        Set doSend;!机器人3给机器人4夹取装配完成木窗信号
        ENDWHILE!停止循环
ENDPROC!停止
PROC rPick( )!夹取子程序
        MoveJ Offs(pPick,0,0,800), v1000, fine, ToolFrame;!机器人3移动到木框夹取点上方
        MoveL pPick, v1000, fine, ToolFrame;!移动到夹取点
        Set doGripper;!机器人检测到物料激活夹具
        WaitTime 1;!等待1秒
```

```
        Set doJiaJu;!夹具夹紧
        MoveJ Offs(pPick,0,0,800), v1000, fine, ToolFrame;!夹取木框到上方
    ENDPROC!结束
    PROC rInit()!初始化子程序
        MoveJ pHome, v1000, fine, ToolFrame;!机器人3回到原点
        Reset doGrip;!装配台物料放置完成信号复位
        Reset doGripper;!夹具检测物料传感器复位
        Reset doJiaJu;!夹具复位
        Reset doQiGang;!装配台气缸复位
        Reset doSend;!机器人3给机器人4夹取信号复位
        Reset doSink;!装配台初始化信号复位
        Reset doSource;!装配完成信号复位
        nCount := 1;!计数清零
    ENDPROC!停止
    PROC rPlace()!放置子程序
        rPosition;!调用程序 rPosition
        MoveJ Offs(pPlace,0,0,800), v1000, fine, ToolFrame;!机器人夹取木框移动到放置点上方
        MoveL pPlace, v1000, fine, ToolFrame;!放置
        Reset doGripper;!夹具检测物料传感器复位
        Reset doJiaJu;!松开夹具
        WaitTime 1;!等待1秒
        MoveL Offs(pPlace,0,0,800), v1000, fine, ToolFrame;!机器人夹取木框移动到放置点上方
        rPlaceRD;!调用计数程序
    ENDPROC!停止
    PROC rPlaceRD()!计数子程序
        Incr nCount;!数值逐次递增1
        IF nCount >= 5 THEN!如果装配台木框数目大于等于5
            MoveJ pHome, v1000, fine, ToolFrame;!机器人3回到原点
    ENDIF!跳出判断条件
    ENDPROC!停止
    PROC rPosition()!放置子程序
    TEST nCount!依数值执行下列指令
    CASE 1:
        pPlace := pPlace_1;!位置1
    CASE 2:
        pPlace := pPlace_2;!位置2
    CASE 3:
        pPlace := pPlace_3;!位置3
    CASE 4:
        pPlace := pPlace_4;!位置4
    ENDTEST!跳出放置程序
    ENDPROC!结束
ENDMODULE!停止循环
```

5）ABB 搬运机器人 IRB4600_40_255_C_04 程序

```
PROC main()!主程序
        rInit;!初始化
        WHILE TRUE DO!循环指令
    WaitDI diSourceOK,1;!等待木窗装配完成信号
    WaitDI diReceive,1;!等待机器人3给的夹取信号
    Set doSend;!给机器人2继续夹取铣好物料放到装配台
    WaitTime 1;!等待一秒
    Reset doSend;!信号复位
        IF reg1 = 2 THEN;!若视觉检测不合格
        rPick_1;!调用程序 rPick_1
          rplace;!调用放置次品子程序
        ENDIF!跳出指令
        IF reg1 < >2 THEN!若视觉检测合格
          rPick_1;!调用程序 rPick_1
    rDrop_1;!调用程序 rDrop_1
    Set doSend_1;!给机器人1信号执行喷涂
    WaitTime 1;!等待1秒
    Reset doSend_1;!信号复位
    WaitDI diReceive_1,1;!等待机器人1给一个喷涂完成信号给机器人4
    rPick_2;!调用程序 rPick_2
    rDrop_2;!调用程序 rDrop_2
        ENDIF
    reg1 : = reg1 + 1;!计数指令
        ENDWHILE!停止循环
ENDPROC!停止
PROC rPick_1()!夹取装配好木窗子程序
        MoveJ pHome,v1000,fine,XiPan;!机器人4回到原点
        MoveJ Offs(pPick,0,0,800),v1000,fine,XiPan;!机器人4执行末端移动到已装配好木窗上方
        MoveL pPick,v1000,fine,XiPan;!移动到木窗上面
        Set doGrip;!吸盘启动
        WaitTime 1;!等待1秒
        MoveL Offs(pPick,0,0,800),v1000,fine,XiPan;!机器人4夹取木窗到正上方
        MoveJ pHome,v1000,fine,XiPan;!回到原点
ENDPROC!停止循环
PROC rInit()!初始化
        MoveJ pHome,v1000,fine,XiPan;!机器人4回到原点
        Reset doGrip;!吸盘复位
        Reset doJiaJin;!变位机松开
        Reset doSend;!给机器人2的信号复位
        Reset doSend_1;!给机器人1的信号复位
        reg1 : = 0;!计数清零
```

```
ENDPROC!停止
PROC rPick_2()!夹取喷涂好木窗子程序
    MoveJ Offs(pDrop_1,0,1100,0), v1000, fine, XiPan;!机器人4到喷涂好木窗正前方
    Set doKaiMen;!喷涂室开门
    WaitTime 2;!等待2秒
    MoveL pDrop_1, v1000, fine, XiPan;!机器人4移动到木窗上
    Set doGrip;!吸盘置位
    WaitTime 1;!等待1秒
    Reset doJiaJin;!变位机松开
    WaitTime 2;!等待2秒
    MoveL Offs(pDrop_1,0,1100,0), v1000, fine, XiPan;!机器人4吸取喷涂好木窗移动到正前方
    MoveJ pGuoDu, v1000, fine, XiPan;!吸取到过渡点
    Reset doKaiMen;!关门
ENDPROC!结束
PROC rDrop_1()!夹取木窗去喷涂子程序
    MoveJ Offs(pDrop_1,0,1100,0), v1000, fine, XiPan;!机器人4夹取木窗到变位机正前方
    Set doKaiMen;!喷涂室开门
    WaitTime 2;!等待2秒
    MoveL pDrop_1, v1000, fine, XiPan;!夹取木窗到喷涂位置
    Set doJiaJin;!变位机夹紧
    WaitTime 2;!等待2秒
    Reset doGrip;!吸盘复位
    WaitTime 1;!等待1秒
    MoveL Offs(pDrop_1,0,1100,0), v1000, fine, XiPan;!机器人4执行末端移动到木窗正前方
    Reset doKaiMen;!喷涂室关门
    WaitTime 1;!等待1秒
ENDPROC!结束
PROC rDrop_2()!放置喷涂好木窗子程序
    MoveJ Offs(pDrop_2,0,0,900), v1000, fine, XiPan;!机器人4吸取喷涂好木窗移动到放置点正
上方
    MoveL pDrop_2, v1000, fine, XiPan;!移动到放置点
    Reset doGrip;!吸盘松开
    WaitTime 1;!等待1秒
    MoveL Offs(pDrop_2,0,0,900), v1000, fine, XiPan;!机器人4移动到木窗上方
    MoveJ pGuoDu, v1000, fine, XiPan;!机器人4回到过渡点
ENDPROC!结束
PROC rPlace()!次品放置子程序
    MoveJ Offs(pPlace,0,0,800), v1000, fine, XiPan;!机器人4吸取次品移动到放置位置上方
    MoveL pPlace, v1000, fine, XiPan;!机器人4吸取次品移动到上放置位置上
    Reset doGrip;!机器人4吸盘复位
    WaitTime 1;!等待1秒
    MoveL Offs(pPlace,0,0,800), v1000, fine, XiPan;!机器人4回到上方
    MoveJ pHome, v1000, fine, XiPan;!机器人4回到原点
```

```
ENDPROC!结束
ENDMODULE!停止循环
```

5.3.6 结论

传统木窗工艺的美正好搭上智能控制这艘时代大船，将以自动化形式体现。木窗自动化生产线的设计不仅响应了时代的节能号召，更重要的是解决了传统木窗的高难度、低产量问题，而今社会上的木工工艺人才少之又少，根本无法实现木窗的普及使用，但是自动化生产线可以很好地做到，并且自动化木窗生产线省去了木窗生产的人工成本，仅仅是前期投资设备，后期就可以获得巨大收益，生产效率比起人工生产高得多，批量生产可以满足大量客户的需求。由于保障工艺的统一，不像人工生产那般的不可控，因此用机器加工出的木窗也有较高的质量保障。自动化生产也保留了木工工艺的灵活性，木窗的多样性一样可以实现，材料图案或是颜色，都可以根据客户的需求进行调试更改，木窗图案只需要更改铣削加工中心的控制程序即可；颜色就更加简单了，仅需更换喷涂机器人的喷涂颜料；若是有高消费人群需要更高贵的木窗，可以使用更加贵重的木材原料来进行加工高档木窗。而普通木材生产的木窗则可以解决大众需求，主要是不再受人工生产木窗工艺的限制。

传统木窗工艺将在一种全新的载体上——自动化生产技术更好地延续下去。